軍事のプロが見た

ウクライナ戦争

週プレ軍事班・小峯隆生編著

並木書房

はじめに

2022年2月24日、ロシアによる一方的なウクライナ侵攻が始まりました。2023年9月時点でも激しい戦闘が続いており、停戦の兆しはまったく見えません。

週刊プレイボーイ(週プレ)軍事班は、ウクライナ戦争関連の記事を本誌およびウェブニュースで発表し続け、その数は60本以上に及びます。最初の記事は、開戦前の2022年1月31日、「NATO東進に対抗、プーチンを動かす〝猜疑心の地政学〟」として、侵攻のシナリオを独自に分析しました。

以後、軍事的視点から戦況に大きな影響を与える出来事をピックアップし、軍事専門家に取材しながら記事を発表し、いまも継続しています。

2023年6月に始まったウクライナ軍の反転攻勢の行方を注視していましたが、「攻者三倍の法則」にもあるように、何重にも及ぶ防衛線を築いたロシア軍陣地を一部突破したにすぎません。

事実、ゼレンスキー大統領はビデオ演説で「大規模な反転攻勢が困難に直面している」ことを認めています（2023年8月3日）。

その最大の理由は航空優勢が確保できないことにあります。ゼレンスキー大統領が供与を待ち望んでいるF‐16戦闘機はようやくパイロットの訓練が始まったばかりで、実際に導入されるのは2024年以降といわれています。

こうした戦況からもウクライナ戦争は簡単には終わらず長期化することが明らかになりました。そこで、これまでのウクライナ戦争の流れを振り返るために、記事の中から43本を厳選し、まとめたのが本書です。さらに「編集部追記」として情報をアップデートするとともに、開戦前からの詳細な年譜とウクライナへの主要武器供与の一覧表を資料として追加しました。

ここで筆者の記事作りを紹介します。新聞各紙の記事はもちろん、テレビニュースや報道番組は欠かさず観ます。番組の選び方は、正確な軍事の視点と見識を持った解説者が出演しているかどうかです。それ以外の時間は、ユーチューブに投稿された現地の動画を見続けます。関連するSNSの投稿もチェックし、企画の参考にします。

週プレ編集部に企画が通れば、次は軍事専門家のキャスティングです。

陸上戦であれば、陸上自衛隊で第40普通科連隊長、中央即応集団司令部幕僚長などを歴任された二見龍氏（元陸将補）の出番です。二見氏は、小隊長時代、北海道で対ソ連戦車部隊を迎撃する訓練に明け暮れ、中隊長時代はロシア軍との戦いに備えていました。大国ロシアと戦っているウクライナ兵の気持ちを理解されており、さらに旅団規模の部隊の動かし方について、二見元陸将補のコメントは大変貴重です。

航空戦ならば、航空自衛隊で松島基地司令や第302飛行隊長などを務めた杉山政樹（元空将補）に解説をお願いします。杉山元司令はF‐4戦闘機のパイロットです。

海戦であれば、海上自衛隊で潜水艦はやしお艦長、第二潜水隊司令などを務め、現在金沢工業大学虎の門大学院教授の伊藤俊幸氏（元海将）に登場していただきます。

筆者自身も東海大学工学部航空宇宙学科卒で、全くの素人ではありませんし、並木書房から空自戦闘機をテーマにした『翼シリーズ』を計4点出版しています。さらに世界中で軍隊を取材し寄稿しているカメラマンの柿谷哲也氏にもコメントを求めます。

米軍兵器に関しては、元米陸軍情報将校で、第82空挺師団に所属、アフガニスタンでの実戦経験をもつ飯柴智亮氏（元米陸軍大尉）が適任です。

米海軍や米海兵隊が関わって来ると米国在住の米海軍アドバイザーである北村淳氏に登場を願います。

歩兵の凄まじい近接戦闘ならば、アフガニスタンでムジャヒディンとともにソ連軍と戦い、ボスニア紛争ではクロアチア傭兵部隊、カレン民族解放軍では義勇兵として戦った経験のある高部正樹氏が質問に答えてくれます。

ヨーロッパの歩兵に関しては、フランス外人部隊第2落下傘連隊でアフガニスタンで実戦を経験された野田力氏（元伍長）がいます。

いずれも軍事のプロばかりです。週プレ軍事班として、これまで長く記事を書いていた経験がベースにありますが、それにしても、よくこれだけのメンバーを集めたと我ながら感心しています。

なお陸戦兵器については筆者自身、百種類以上の拳銃、ライフル、短機関銃など小火器を撃った経験があり、小火器の射撃技術と知識は備えています。その成果は『拳銃王 全47モデル射撃マニュアル』（小学館）として書籍になりました。

国際関係については、国際政治アナリストの菅原出氏に話を聞くとともに、外務省勤務経験のある杉山政樹氏、ワシントン日本大使館勤務経験のある伊藤俊幸氏からもコメントをいただきます。

記事の良し悪しは、質問作りがすべてです。敵全滅から自軍玉砕まであらゆるケースを想定して軍事の専門家に質問を投げかけます。そして軍事のプロたちは、熟考し、素晴らしいコメントを返してくれます。

それらの回答をもとに、一つのストーリー、流行りの言葉でいえば「ナラティブ」を見いだし、わかりやすい記事に仕上げます。筆者は、日本映画監督協会にも所属しており、陸海空の専門家のコメントを一つの映画を作るように統合していきます。

記事の仕上げには、柿谷カメラマンが必要な写真を揃えてくれます。長年、世界中の陸海空軍兵器と兵士を取材・撮影している柿谷さんは膨大な量の写真素材を保有しています。撮影していない写真があれば、プロパガンダ写真に注意しながらウクライナ、ロシアの公式写真から選別して提供してくれます。なお、表紙で使った写真はどちらも柿谷さんが撮影したものです。写真のスホーイSu27を操縦しているオレクサンドル・オクサンチェンコ大佐は、撮影後の2018年に退役しましたが、ロシアのウクライナ侵攻にともない現役復帰し、2022年2月25日夜にキーウ上空でロシア軍のS-400地対空ミサイルで撃墜されたウクライナ空軍の英雄です。

以上が週プレ軍事班の記事の作り方です。この最高のメンバーによる成果を書籍として残すことができるのは筆者として望外の喜びです。

目　次

ウクライナ戦争関連年譜

2014年

3月　ロシアがクリミアに侵攻し併合。プーチン大統領が編入宣言

4～5月　親ロ派勢力がドネツク・ルハンスク州の占領地域を一方的に独立宣言

2019年

2月　ウクライナ憲法改正。ウクライナEUとNATOへの加盟方針を確定

5月　ウクライナ大統領にゼレンスキー氏就任

2021年

3～4月　ロシア軍がウクライナとの国境地帯で軍をさらに増強

2022年

2月21日　プーチン大統領がウクライナ東部の親ロ派勢力の支配地域「ドネツク人民共和国」「ルハンスク人民共和国」を承認し、平和維持部隊派遣を命令

2月22日　プーチン大統領が「ミンスク合意」は失効したと発言

2月24日　プーチン大統領が軍の特別軍事作戦を表明。ロシア軍侵攻開始。ロシア軍がチョルノービリ原発を占拠
2月28日　ロシア軍がウクライナ東部ハルキウで民間施設を攻撃
3月4日　ロシア軍がザポリージャ原発を攻撃・制圧
3月9日　ロシア軍によるマリウポリ無差別攻撃。ロシア軍がチョルノービリ原発で外部からの電源を遮断
3月15日　ロシア軍がヘルソン州を制圧したと発表
3月16日　ゼレンスキー大統領が米議会でオンラインによる演説
3月19日　ロシア軍が極超音速ミサイルでウクライナ西部を攻撃したと発表
3月25日　ロシアの第一段階作戦は終了。これ以降ロシア国防省は侵攻作戦の重心をドンバス地域に移す方針を表明
3月31日　ロシア軍がチョルノービリ原発から撤収を開始したとＩＡＥＡが公表
4月2日　ウクライナ国防相がキーウ全域の奪還を公表
4月3日　ウクライナ検察がキーウ州近郊ブチャなどで民間人410人以上の遺体を確認したと発表
4月8日　ロシア軍がドネツク州クラマトルスク駅に短距離弾道ミサイル「ＳＳ‐21」を発射。50人以上が死亡
4月13日　ウクライナ軍は国産地対艦ミサイル「ネプチューン」によりスラヴァ級巡洋艦「モスクワ」を攻撃
4月14日　ロシア国防省が黒海艦隊旗艦「モスクワ」の沈没を発表
4月15日　マリウポリ市長が「市民約4万人を連れ去った」とロシア軍を非難
4月24日　ロシア軍はアゾフスターリ製鉄所への攻撃を継続
4月27日　プーチン大統領がサンクトペテルブルクで演説し、核戦力を念頭に米欧を威嚇
5月3日　ゼレンスキー大統領が自国領からのロシア軍撤退まで戦闘継続の考えを表明

5月6日　ウクライナ軍がハルキウ郊外の集落を奪還と発表
5月9日　プーチン大統領が対独戦勝記念日の軍事パレードで演説し、ウクライナ侵攻を正当化
5月14日　ロシア軍は多連装ロケットからクラスター弾を発射し、アゾフスターリ製鉄所を攻撃
5月16日　マリウポリのアゾフスターリ製鉄所を拠点にしていたウクライナ側が退避・投降開始
5月20日　ロシア国防省がマリウポリ制圧を発表。アゾフスターリ製鉄所内のウクライナ軍など2439人が投降
5月30日　ウクライナ軍参謀本部はロシア軍がハルキウ北部および北東部を砲撃したと発表
6月9日　プーチン大統領が「領土を奪還し強固にすることは我々の任務」と発言
6月25日　ウクライナ空軍はロシア軍がウクライナ各地に大規模ミサイル攻撃を行なったと発表
7月3日　ロシアのショイグ国防相がリシチャンスクを含むルハンスク州を制圧した旨をプーチン大統領に報告
7月4日　ウクライナ参謀本部もリシチャンスクからの撤退を発表
7月6日　ドネツク州北部のスラビャンスク、クラマルトルク中心に攻防戦
7月7日　ロシアがズメイヌイ島を放棄したためウクライナ側が奪還
7月10日　ウクライナ軍国防相は南部ヘルソン、ザポリージャ州の奪還作戦を開始したと公表
7月11日　ウクライナ軍はヘルソン州奪還に向けロシア軍の後方支援基地の攻撃開始を発表
7月12日　ウクライナ軍はヘルソン州のロシア軍弾薬等集積所を攻撃し、南部における反転攻勢に言及
7月15日　ウクライナ軍はＨＩＭＡＲＳでロシア軍弾薬庫など30か所以上を破壊と公表
7月18日　ロシア軍がザポリージャ原発に侵入し、兵士が負傷
7月20日　ロシアのラブロフ外相は「特殊軍事作戦の対象地域を南部ヘルソン・ザポリージャ両州制圧に拡大」と発言

7月22日　ロシア・ウクライナ・トルコ・国連でオデーサ港から輸出再開
7月23日　ロシア軍はオデーサ港のインフラ施設にロシアの巡航ミサイル「カリブル」を2発発射
7月26日　ゼレンスキー大統領はロシア軍の戦死者が4万人に上っていると指摘（ビデオ演説）
8月5日　ロシア軍によるザポリージャ原発攻撃が始まる
8月8日　黒海のウクライナ穀物輸出貨物船第1便がトルコに到着
8月9日　クリミアのサキ軍用飛行場で爆発
8月16日　クリミアのジャンコイ郊外の弾薬保管場所で爆発
8月18日　クリミアのベルベック軍用飛行場およびクリミア大橋付近で爆発（ドローン攻撃の情報）
8月20日　ロシアの黒海艦隊司令部（セバストポリ）に対するドローン攻撃
8月25日　プーチン大統領はロシア軍の定員を13万7０００人増やして１１５万人とする大統領令に署名
9月20日　プーチン大統領はウクライナ侵攻をめぐり部分的動員令（30万人を対象）に署名したことを表明
10月8日　クリミア大橋で大規模な爆破事故が発生
10月10日　ロシアはキーウやエネルギー関連施設を含めてウクライナ全土に報復とみられる大規模な攻撃を実施
10月20日　ロシアはウクライナの東・南部４州に戒厳令を発動し戦時態勢に移行
10月25日　ロシア、ウクライナが放射性物質の入った爆弾を使用と主張
10月29日　ロシアが穀物輸出合意の無期限停止を発表（11月2日、復帰を表明）
11月9日　ロシア国防相、南ヘルソン州からの撤退を命令。米軍、ロシア兵の死傷者は10万人以上と発表
11月11日　ウクライナ軍、ヘルソンを奪還

11月15日　ポーランドにミサイル落下、欧米はウクライナ軍の迎撃ミサイルと認定
11月16日　G20、「核兵器の使用を認めない」との首脳宣言を採択。欧州議会、ロシアを「テロ支援国家」に指定
12月1日　ウクライナ、推定で1万3千人の兵士死亡と発表
12月10日　ウクライナのインフラ攻撃激化。オデーサ州では約150万人が電気使用不能
12月16日　ロシアが生物兵器の使用を否定
12月21日　ゼレンスキー大統領が訪米、バイデン大統領と会談。米国が地対空ミサイル「パトリオット」の供与を発表
12月22日　プーチン大統領「戦争」発言。米国、北朝鮮がワグネルに武器売却と発表

2023年

1月2日　ウクライナ、奪取された領土の4割を奪還
1月4日　フランスが装輪装甲車の供与を表明
1月6日　ロシアが「36時間停戦」を一方的に宣言。ウクライナは拒否、戦闘継続
1月11日　ロシア、総司令官にゲラシモフ参謀総長を任命
1月14日　英国がウクライナに主力戦車「チャレンジャー2」の供与を表明
1月17日　ロシア、2026年までに兵士の定員を35万人増員、150万人とすると発表
1月25日　ドイツがウクライナに主力戦車「レオパルド2」の供与を表明、米国も主力戦車M1A1の供与を発表
1月31日　ウクライナ、欧米からの主力戦車の供与は「120~140両の見通し」と発表
2月2日　ウクライナ軍がロシアに奪取された領土を奪還するための「強襲旅団」新編開始

ポーランド、NATO加盟国が決定すればF‐16戦闘機の供与を支持
2月3日　ロシア、クリミアの外国資産を「国有化」、ウクライナも対象と発表
2月8～9日　ゼレンスキー大統領が英・仏・ベルギー訪問。EU首脳会談で支援の拡大を要請
ウクライナ大統領府顧問がロシアの大規模攻撃が始まったとの見方を示す
2月20日　バイデン大統領がキーウ訪問、ゼレンスキー大統領と会談
2月21日　プーチン大統領、年次教書演説でウクライナ侵略を「自衛戦争である」と正当化、「新戦略兵器削減条約（新START）」の履行停止を表明
2月24日　ウクライナ侵略開始1年。G7首脳がテレビ会議、国連安全保障理事会が閣僚級会合を開催
3月1～2日　主要20か国・地域（G20）外相会合開催。共同声明採択は出来ず
3月8日　ロシアの民間軍事会社ワグネル創設者・プリゴジン氏が「ドネツク州バフムト東部を制圧」と主張
3月14日　黒海上空で米軍無人偵察機がロシア戦闘機と衝突、墜落
3月20～21日　中・ロ首脳会談
3月21日　岸田首相、キーウ訪問。ゼレンスキー大統領と会談
3月23日　スロバキアがミグ29戦闘機をウクライナに引き渡したと発表
3月25日　プーチン大統領がロシア国営テレビのインタビューでベラルーシに戦術核を配備する方針を表明
4月4日　フィンランドがNATOに加盟
4月5日　ウクライナとポーランドが首脳会談
4月5～6日　ロシアとベラルーシが首脳会談

5月3日　モスクワの大統領府で無人機とみられる飛行物体が爆発
5月13日　ゼレンスキー大統領がイタリア訪問。15日までドイツ、フランス、英国を続けて訪問
5月21日　ゼレンスキー大統領がG7広島サミットに出席。岸田首相ほか各国首脳と会談
　ロシア国防省がドネツク州バフムトの「全域制圧」をSNSで主張
5月24日　ロシア上院でロシアがウクライナの南部、東部4州で地方選挙実施を可能とする改正法案を可決
6月1日　プーチン政権打倒を目指す武装組織「ロシア義勇軍団」と「自由ロシア軍団」がロシア西部ベルゴルド州に進入、国境付近でロシア軍と交戦
6月6日　ヘルソン州のカホフカ水力発電所のダムが決壊。周辺地域で洪水が発生
6月10日　ゼレンスキー大統領、ウクライナがロシアに対して「反転攻勢」を開始したと認める
6月12日　ウクライナ軍、東部ドネツク州と南部ザポリージャ州の7集落を奪還
6月16日　プーチン大統領が「ベラルーシに戦術核を配備した」と公表
6月23日　ロシアの民間軍事会社ワグネル創設者・プリゴジン氏が武装蜂起を事実上宣言（ワグネルの反乱）
6月24日　ベラルーシのルカシェンコ大統領とプリゴジン氏が武装蜂起停止で合意と発表
7月17日　南部クリミアとロシア本土を結ぶクリミア大橋が攻撃を受け一部損壊。ウクライナ側は関与を認める
　ロシアは黒海を経由するウクライナ産穀物の輸出合意から離脱すると発表
7月18日　ロシアはウクライナ南部と東部地域に大規模な報復攻撃
8月23日　ワグネル創設者のプリゴジン氏とその幹部が搭乗した小型ジェット機が墜落し炎上
9月13日　ロシア国防省はクリミア半島セバストポリの船舶修理工場がウクライナ軍の大規模なミサイル攻撃を受け、火災が発生したと発表。ウクライナ軍国防省も大型揚陸艦と潜水艦を損傷させたと攻撃を認める

32°E
34°E
36°E
38°E
40°E
52°N
50°N
48°N
46°N
44°N
ボロネジ
チェルニヒフ
スムイ
ロシア連邦
ベルゴルド
ハルキウ
ドネツ川
クピャンスク
ルハンスク州
ポルタワ
バラクレヤ
イジューム
クレミンナ
イナ
ハルキウ州
リマン
セベロドネツク
スラビャンスク
リシチャンスク
バフムト
ルハンスク
キーロボフラード
ドンバス地方
ドニプロペトロフシク
ドネツク
ベリカノボシルカ
クリビイ・リフ
ザポリージャ
ドネツク州
南ウクライナ原発
オリヒウ
ロストフ・ナ・ドヌー
ザポリージャ原発
ザポリージャ州
マリウポリ
トクマク
ミコライフ
ベルジャンシク
カホフカ水力発電所
メリトポリ
ヘルソン
ヘルソン州
アゾフ海
クリミア半島
ケルチ
サーキ航空基地
黒海
シンフェロポリ
クリミア大橋
ノボロシースク
セバストポリ
0
60
120
180
240km
ソチ

ウクライナ戦争関連地図

コメンテーター略歴（五十音順）

飯柴智亮（いいしば・ともあき）

１９７３年東京都生まれ。元米陸軍大尉／情報将校。19歳で渡米、北ミシガン州立大学に入学、同時にＲＯＴＣ（米陸軍予備役士官訓練部隊）に所属し、陸軍士官候補生として軍事学を履修。１９９９年米陸軍入隊、空挺学校を卒業後、精鋭で知られる第82空挺師団に配属。２００３年には『不屈の自由作戦』に参加、アフガニスタンにてタリバン／アルカイダ残党勢力の掃討作戦に従事。

伊藤俊幸（いとう・としゆき）

１９５８年名古屋市生まれ。防衛大学校（25期）、海上自衛隊入隊。潜水艦はやしお艦長、在米国防衛駐在官、海幕情報課長、情報本部情報官、海幕指揮通信情報部長、第二術科学校長、統合幕僚学校長を経て、海上自衛隊呉地方総監。２０１５年退官（海将）。金沢工業大学大学院（虎ノ門キャンパス）教授。日本戦略研究フォーラム政策提言委員、日本安全保障・危機管理学会理事、全国防衛協会連合会常任理事。近著に『参謀の教科書』（双葉社、２０２３年）。

柿谷哲也（かきたに・てつや）

１９６６年横浜市生まれ。１９９０年から航空機使用事業所で航空写真担当。１９９７年から各国軍を取材するフリーランスの写真記者・航空写真家。撮影飛行時間約3000時間。著書は『知られざる空母の秘密』（SBクリエイティブ）ほか多数。日本写真家協会会員。日本航空写真家協会会員。日本航空ジャーナリスト協会会員。

北村　淳（きたむら・じゅん）

東京都生まれ。東京学芸大学卒業。警視庁公安部勤務後、1989年に渡米。ハワイ大学ならびにブリティッシュ・コロンビア大学で助手・講師などを務める。戦争発生メカニズムの研究によってブリティッシュ・コロンビア大学で政治社会学博士を取得。専攻は国家論、戦略地政学。米国シンクタンクにおいて米海軍、米海兵隊などへのテクニカルアドバイザーを務めた。著書に『アメリカ海兵隊のドクトリン』（芙蓉書房）、『海兵隊とオスプレイ』（並木書房）、『トランプと自衛隊の対中軍事戦略』（講談社）、『米軍幹部が学ぶ最強の地政学』（宝島社）など多数。

菅原 出（すがわら・いずる）

1969年東京都生まれ。国際政治アナリスト・危機管理コンサルタント。中央大学法学部政治学科卒業後、オランダ・アムステルダム大学に留学、国際関係学修士課程卒。東京財団リサーチフェロー、英危機管理会社役員などを経て、NPO法人「海外安全・危機管理の会（OSCMA）」代表理事、国際政治・外交安全保障専門のオンラインアカデミー「OASIS学校長も務める。著書は『外注される戦争』（草思社）、『米国とイランはなぜ戦うのか？』（並木書房）など多数。

杉山政樹（すぎやま・まさき）

1958年生まれ。防衛大学校（26期）、航空自衛隊入隊。第302飛行隊長。2011年3月11日の東日本大震災時、第4航空団飛行群司令兼松島基地司令を務め、基地復興とF-2B修復の道筋をつける。航空救難団司令、航空支援集団副司令官を歴任。F-4ファントムのパイロット。総飛行時間は3400時間。2015年退官（空将補）。2023年6月まで新明和工業株式会社の顧問。

二見 龍（ふたみ・りゅう）

1957年東京都生まれ。防衛大学校（25期）、陸上自衛隊入隊。第8師団司令部第3部長、第40普通科連隊長、中央即応集団司令部幕僚長、東部方面混成団長などを歴任。2013年退官（陸将補）。現在、株式会社カナデン勤務。著書に『自衛隊は市街戦を戦えるか』（新潮社）、『特殊部隊vs.精鋭部隊』（並木書房）など多数。キンドル版（電子書籍）を発刊中。戦闘における強さの追求、生き残り、任務達成の方法などをライフワークとして執筆。

［2022年1月31日配信］

NATO東進に対抗、プーチンを動かす〝猜疑心の地政学〟

ウクライナ侵攻への過程

2014年、ウクライナの政変に関連してクリミア半島を事実上併合したロシアが、またもウクライナとの国境に大戦力を集結させている。〝皇帝〟プーチン大統領は今、どんなシナリオを思い描いているのか？「地政学」と「猜疑心」をキーワードに、あえてロシア側の立場から情勢を検証する。

2021年末から、ウクライナとロシアの国境付近にロシア軍が大集結している。最新の情報では、その規模は機械化歩兵大隊40個、総兵力12万人。もはや「牽制」と呼べるレベルではなく、いつでも侵攻を開始できる構えだ。

その背景には、旧ソ連の連邦国であるウクライナが欧米に接近し、アメリカ率いる軍事同盟NATO（北大西洋条約機構）への加盟を求めているという事情がある。欧米や日本では「またロシアが暴れている」という〝ロシア悪玉論〟が大前提となっているが、実際のところ、プーチン大統領の頭の中にはどんな地政学が描かれているのか？　国際政治アナリストの菅原出氏はこう語る。

「島国の日本では考えられないほどシビアに、過剰なまでの防衛意識を持っているのがロシアです。プーチンは以前から一貫して、ウクライナのNATO加盟はレッドラインだと明言しており、今回は『口で言ってダメなら手を出すぞ』と示しているわけです」

元防衛研究所所長の乾一宇氏の著書『力の信奉者ロシア』（JCA出版）によれば、ロシア語には「安全（Security）」という言葉がなく、代わりに「危険でないこと」という意味の単語が、安全保障の論拠に使われているという。この視点から考えると、ロシアにとって安全保障とは「危険を取り除く」ことであり、裏を返せば、取り除き続けなければ常に「危険」と隣り合わせ、というのが行動原理だ。

その理由はロシアの地理的要因を見れば一目瞭然で、ウラル山脈の西側にある首都のモスクワからは西欧のフランスまで平地続きで、ナポレオン軍やナチスドイツ軍に攻め込まれた歴史が、その危機感を証明している。旧ソ連時代は、モスクワの西側に東欧の一部まで含めた広大な〝緩衝地帯〟があったが、東西冷戦が終結しソ連が崩壊すると、その緩衝地帯はみるみる縮小した。元米陸軍大尉で現在は軍事コンサルタントの飯柴智亮氏が解説する。

「旧東側諸国はロシアによる〝ソ連復活〟を恐れて次々とNATOやEUの枠組みに参加し、今や旧ソ連国のバルト三国（エストニア、リトアニア、ラトビア）までNATOに加盟している。ロシアから見れば、NATOは明らかに〝東進する脅威〟なのです」

猜疑心が膨れ上がった今のロシアにとって、欧州との間に存在するウクライナは最も重要な緩衝地帯だ。その立場から、2021年後半からの経緯を見るとわかりやすい。

●2021年9月1日、ウクライナのゼレンスキー大統領がバイデン米大統領と会談し、NATO加盟への支援を要請。

●2021年10月19日、オースティン米国防長官がウクライナのタラン国防相と会談し、NATO加盟に向けた防衛改革を支持すると表明。

●翌20日、米空軍B1B爆撃機が黒海上空でロシア領空に接近し、ロシア空軍スホーイSu30がスクランブル発進。この日から黒海で米ロの海軍艦艇が、上空ではNATOとロシア空軍の航空機がにらみ合いを続けた。

そして、11月上旬には米メディアが「ロシア軍9万人がウクライナ国境に展開」と報道。現在ではその規模が12万人にまで拡大、という構図だ。

1週間で全土制圧の電撃侵攻作戦

東欧からロシアに及ぶ地域の厳冬期は、地面が完全に凍りつき、ロシアの機甲部隊にとって進撃しやすい絶好機だ（氷が解け始めると、地面がぬかるんで部隊の機動が制限される）。ウクライナなどで報道されているロシア軍の部隊配置図から見て、どんな侵攻作戦が考えられるのか。飯柴氏は次のように分析する。

「ロシアの陣形は、完全に短期決戦を意図したものです。相手は勝手知ったるウクライナで、地形も南部の山を除けば平坦。しかもウクライナ空軍はソ連崩壊時からアップグレードされておらず、ロシア空軍の敵ではありません。早々に制空権を確保した後は、東から大規模な機械化歩兵部隊を進め、南の黒海から海軍が揚陸作戦、北西部では空挺作戦を実施して三方面から侵攻。車両で全速進撃する機械化歩兵部隊は首都キーウ（キエフ）のみならず、西部のオデーサ（オデッサ）まで早ければ1週間以内、遅くとも10日間で全土制圧する構えでしょう」

両国の力の差は火を見るより明らかだ。そうなれば、侵攻が始まってしまえばウクライナの頼みの綱は米軍の介入だが、その米軍はどれだけの対応が可能なのか？

2020年のアメリカ空軍とウクライナ空軍の合同演習で、爆撃機B-1を護衛するウクライナのSu27とMiG29。ロシアをけん制する効果はあったのだろうか。(写真：ウクライナ空軍)

「首都キーウ防衛のために、すぐに送り込める緊急展開部隊の米陸軍第82空挺師団の総兵力は、3個旅団約1万人強。ただ、ロシア軍機械科歩兵大隊の戦車には圧倒されてしまいます。そのため本来は黒海に米海軍艦隊を派遣したいところですが、現在はアメリカとトルコの外交関係が最悪で、現実的には難しい」(飯柴氏)

陸海軍の大戦力が投入できないなら、ロシア軍の進撃を止めるには航空兵力しかないが、それは可能なのだろうか？

「ポーランド、ハンガリー、ルーマニアの東欧3国が滑走路の使用を認めてくれれば可能な作戦です。しかし、その前にロシアは、米軍に手を貸せば欧州向けの天然ガスパイプライン

を止めると脅してくるでしょうね」(飯柴氏)

ここで登場するのがプーチンの〝戦略兵器〟である。真冬の欧州のエネルギー需要を担う、天然ガス輸出のパイプラインを脅しのカードとして使ってくる可能性が高いのだ。

欧州のガス価格は過去最高水準に

そもそも、ロシアとウクライナの対立には、ガス供給用のパイプラインが深く関係している。菅原氏が解説する。

「ソ連崩壊後、ウクライナが親ロ派政権だった時代は、ロシアは格安でガスを輸出していました。しかし、2004年の『オレンジ革命』で親欧米政権が誕生すると、ロシアは通常の市場価格への値上げを通告。ウクライナがこれを拒否したため、ロシアは輸出を止めたのですが、するとウクライナは自国を通過する東欧向けのガスを勝手に使い始めたのです。この影響で東欧諸国ではガス供給がストップする事態となりました」

この「ガス紛争」を経て、ロシアはウクライナを迂回して欧州やトルコへ輸出できる新たなパイプラインを次々と建設。その一環として完成したのが、バルト海を通ってドイツへガスを直接運ぶ「ノルドストリーム1・2」。「1」はすでに稼働し、「2」も2021年末に稼働開始の予定だった。

キーウでは広範囲にわたるロシア軍の攻撃により、消防隊が不足。助かる命さえ犠牲になる。キーウ近郊チャイキで消火・救助活動中の消防隊。(写真：ウクライナ緊急事態省)

「ノルドストリーム2が稼働すると、ウクライナは自国を通過するパイプラインからの通行料収入が大幅に減り、経済的に大ダメージとなる。そこで、なんとかしてほしいとアメリカに泣きついたのが、今回の緊張の始まりです。民間事業なのでアメリカがその稼働を直接止める権利はありませんが、運営会社を経済制裁の対象にすることはできます」(菅原氏)

やっかいなのは、パイプラインをめぐる利害がNATOの内部で一致していないことだ。ロシア産ガスへの依存度が高いドイツ、オーストリア、チェコ、イタリアなどは安定的にガスを買いたい。一方、アメリカなどはガス問題で譲歩するよりも圧力をかけたい。今は暫定的にドイツがノルドストリーム2の稼働承認を凍結しているが、その影響で欧州のガス価格は過去最高水準にはね上がっている。

「今はまだ、ドイツとの関係悪化を懸念するバイデン米大統領が経済制裁の発動を止めていますが、もしロシアがウクライナに侵攻すれば発動せざるを得ない。そうなる前にロシアへしっかり圧力をかけようと、ドイツに共同歩調を求めている状況です」(菅原氏)

そんななか、ウクライナ情勢をめぐり1月10日から米ロ高官の協議が始まった。ロシアの要求は単純で、①ウクライナをNATOに加盟させない、②東欧に中距離ミサイルを配備しない、という2点の確約だ。まさに「危険を取り除け」ということだ。

「NATO加盟拒否を明文化するのは、ウクライナの国家主権に対する侵害ですから、アメリカは受け入れられない。ただ、今後の協議でアメリカ側がなんらかの妥協をし、着地点が見いだされる可能性もあります。しかし、確かなことは、バイデン米大統領はロシアと正面から戦争をする気はない。一方、ロシアはウクライナ侵攻を『やるときはやる』ということです。NATOのこれ以上の東進は絶対に認められない一線ですから」(菅原氏)

(編集部追記:この薄氷の綱引きが続いたが、それは簡単に割れ砕け、2022年2月24日に、ロシア軍は「特別作戦」と称した侵攻を開始した。プーチン大統領は、3日または最大10日で終わると電撃作戦を目論んだが、ウクライナ軍は善戦、劣勢のウクライナ軍に対して、世界中から支援が始まった)

［２０２２年３月９日配信］

ウクライナへのミグ29戦闘機供与をめぐる駆け引き

ミグ29〝空中輸送作戦〟

２０２２年３月５日、ポーランド・ウクライナ国境でアメリカとウクライナの外相会談が行なわれ、ウクライナ外相は「戦闘機と防空システムを必要としている」と発言。これを受けて３月６日にアメリカは「ポーランドを通じてウクライナに戦闘機供与を検討している」と発表した。

フォトジャーナリストの柿谷哲也氏はこの動きを次のように解説する。

「ポーランド空軍のミグ29をウクライナに転用し、ポーランドにはアメリカ製のＦ‐16ブロック52＋型が供与される、これはポーランドにはお得な取り引きです」

これが実現することになれば、問題はどうやってミグ29をウクライナへ移動させるかだ。

「ウクライナ空軍の戦闘機部隊基地はポーランド国境から150〜200キロメートルの距離に位置し、移動に要する飛行時間は20分程度でしょう。私の考えるミグ29の〝フェリー（空中輸送）作戦〟はこうです。NATOのE‐3早期警戒管制機が監視・統制する地域において、戦闘機型電子戦機よりも大きな発電機と変換機を搭載し、強力な電波妨害が可能な米空軍のB‐52H爆撃機によって、まずジャミングを開始します。するとロシア空軍のレーダーは役に立たなくなり、この隙に、国籍マークを消すなどしたミグ29の15機（1個飛行隊）を、ウクライナ人またはポーランド人パイロットが操縦し、国境を越える。ミグ29の編隊を発見したロシア戦闘機が、それを撃っていいかどうか判断を迷っている間に、一気にウクライナ空軍基地に着陸する作戦です」

果たして、このような作戦は実現可能なのか？　元空将補の杉山政樹氏はこう言う。

「ロシア戦闘機はミグ29を発見すれば、迷わず全機撃墜しようとするでしょう。電子戦機を用いての電波妨害など電子戦下の航空作戦は、いわば攻勢時の定石で、戦闘機と爆撃機からなる連合編隊が敵を爆撃で徹底的に壊滅させるときにやるものです。これではジャミング開始と同時に、ロシア側に何かが始まると知らせてしまうことになる。だから、ミグ29の移動は堂々と離陸し、こっそりと運ぶのがいい」

ポーランド空軍の MiG29。ウクライナの主力戦闘機でもありパイロットも多い。供与は即戦力になる。（写真：柿谷哲也）

その作戦は以下のような展開になるかもしれない。ワルシャワ近郊の航空基地を離陸したポーランド空軍のミグ29は夜明け前に離陸、ウクライナ方面ではなく、まず南西に向かう。その光景はポーランドにいるロシアのスパイが目撃し、すぐにこの動きがロシア本国に伝えられる。

そこで、ミグ29編隊はポーランド南部で東に旋回、急降下して高度数十メートルほどの超低空を速度300〜350ノット（時速約550〜650キロメートル）で、レーダーと無線電波封止で飛ぶ、というものだ。

「ちょうどウクライナとの国境を越えたあたりで、払暁《ふつぎょう》を迎え空が明るくなってくる。

アメリカ空軍のF-16CJ ブロック 52。最新バージョンのF-16はアメリカもすぐに提供しないだろう。（写真：柿谷哲也）

あとは目視による飛行で、超低空のまま3機ずつの密集編隊で、ウクライナ西部のイバノフランコフスク空軍基地に着陸。ポーランドから1時間弱で行ける距離です。できる限り身軽に飛行したいから、武装はヒートミサイルを2発と機関砲だけ。ミグ29の航続距離ならば簡単にできる。操縦するのは自国の地形を熟知しているポーランド人パイロットです。こんな超低空飛行任務は、航空自衛隊ならばF・2Aの飛行隊が得意としている。私は第302飛行隊が千歳基地にいた頃、F・4EJで、山影に隠れて低空飛行する訓練をよくやった。映画『トップガン・マーヴェリック』の予告編で、FA・18が同じような飛び方していているのを見て懐かしかったで

すね」（杉山氏）

このような方法ならば、ミグ29をウクライナに空中輸送することが可能だという。しかし、杉山氏の話にはその先がある。

「アメリカの今の政権は、すぐに戦闘機供与を検討する話を出したりと、軍事的センスがない。ウクライナはこの戦争にＮＡＴＯを巻き込むために戦闘機が欲しい、と言っているだけ。15機のミグ29があっても、ウクライナが戦力として有効活用できるかは疑問です。さらに、このような空中輸送作戦をやればその成否にかかわらず、プーチン大統領を本気にさせてしまう。そうなったときのロシアの怖さをＮＡＴＯ諸国は熟知している。だから、この作戦は最初からやめたほうがいいと思います」（杉山氏）

ロシアのラブロフ外相は「ＮＡＴＯがウクライナに手を出せば、第３次世界大戦になる。それは核戦争だ」と明言している。つまり、ポーランドからのミグ29輸送作戦は、核戦争を引き起こす危険をはらんでいるということになる。それは世界的な戦争の危機を生起させることになる。

［2022年3月17日配信］

ロシアが生物・化学兵器に言及。ウクライナに危機が迫る？

ロシアのNBC兵器の脅威

2022年3月11日、国連の安全保障理事会は、ロシアの求めに応じてウクライナ情勢の緊急会合を開催した。ロシアはアメリカがウクライナでNBC（核・生物・化学）兵器の開発をしていると主張した。同日、アメリカのバイデン大統領は「ロシアが化学兵器を使用すれば、大きな代償を支払うことになる」と発言。

2003年、アメリカは世界に向け「イラクが大量破壊兵器を保有している」と主張し、イラク戦争に踏み切った。しかし、結局、アメリカが開戦の理由とした大量破壊兵器の存在は確認されなかった。

ウクライナでの戦いにおいてもロシアの大量破壊兵器使用の可能性が取り沙汰されており、国際社会は大きな懸念を抱いている。元空将補の杉山政樹氏はこれについて次のようにみる。

「ロシア軍は侵攻開始直後に『ウクライナが放射能物質を撒き散らす〝ダーティーボム〟を作っている』として、チョルノービリ（チェルノブイリ）原発を一時占拠しました。ロシアがウクライナの生物・化学兵器に言及しているのは、今後、もしもロシアが生物・化学兵器を使用しても、『ウクライナが使用したものだ』と主張することが考えられます。ロシアの発言は、おそらくそのための布石であり脅しで、ロシアは生物・化学兵器を使う可能性があります」

本当にそんなことが起きてしまうのだろうか？　かつてアフガニスタンなどでの実戦経験がある高部正樹氏はロシアのNBC兵器の脅威を指摘する。

「私がアフガニスタンにいた当時、ソ連軍は実際にジャララバードで化学兵器を使用しています。また、1987年にイラン・イラク戦争でイラク軍がクルド人居住地域に対し毒ガスで攻撃し、2013年にはシリア内戦でも政府軍は反体制勢力への攻撃に毒ガスを使用しています。ロシアがウクライナで化学兵器を使う可能性は十分考えられます。一方、ウクライナ軍のNBC兵器への対策は万全とはいえません。NBC兵器対策の基本的な装備品としては、まず防護マスクや防護衣が

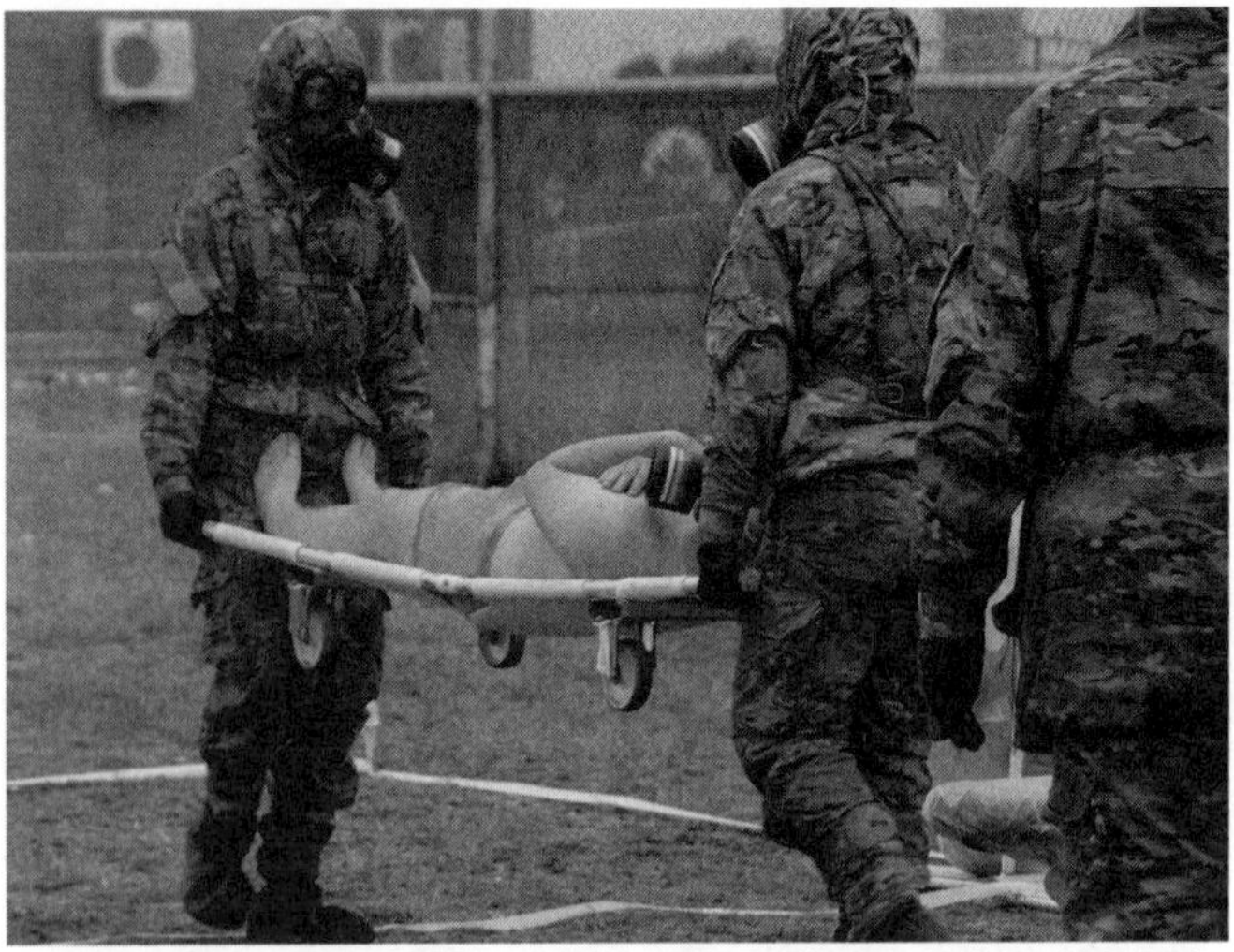

NATO演習で化学汚染された地域から兵士を救助する訓練を行なうデンマーク軍とポーランド軍の兵士。（写真：柿谷哲也）

挙げられます。当然、ウクライナ軍もこれらを装備していますが、不足しているとみられ、2022年4月、日本政府はウクライナ政府の要請に応じて防衛省を通じ防護マスク、防護衣などを提供しており、それを裏付けています。欧米などから追加調達もしているようですが、その程度では、とても全軍には行き渡らないでしょう」

実際に生物・化学兵器が使用される可能性があるのは、どのような戦況だろうか？

「ロシア軍は、欧米がウクライナ軍に提供した対戦車火器によって機甲部隊が大きな損害をこうむったり、ウクライナ南東部のマリウポリのアゾフスターリ製鉄所の攻防戦のように苦戦を強いられています。このようなウクライナ軍の頑強な抵抗で、戦況が膠着した場合、毒ガスなどの化学兵器を使用する可能性があります。堅固な陣地や地下壕などに立てこもっている敵を制圧する手っ取り早い方法が化学兵器による攻撃です。攻撃するロシア軍の戦車、装甲車などは対NBC防護能力があり、NBC兵器による汚染地域でも行動できる。また、歩兵も事前に防護衣を着用して行動するので、攻める側にとって化学兵器は有効な手段なのです」（高部氏）

独裁者は目的達成のために手段を選ばない

第1次世界大戦では、ドイツ軍が史上初めて大規模に毒ガスを使用し、以後、世界的に化学兵器の開発が進められる一方、その使用は被害が非戦闘地域まで及ぶ危険性などから一定の歯止めがかかってきた。しかし、現実には近年でも各地の紛争で、たびたび化学兵器が使用されており、ロシアが化学兵器を使用する可能性は決して小さくない。

もし、化学兵器による攻撃を受けた場合の実際の対応策について、陸上自衛隊で普通科連隊連隊長、中央即応集団司令部幕僚長などを歴任した元陸将補の二見龍氏が解説する。

「陸上自衛隊の普通科（歩兵）部隊の隊員は有毒ガスによる攻撃に備え、つねに防護マスクを携帯しています。さらに全身を覆う戦闘用防護衣も用意されています。陸上自衛隊ではNBC兵器への

陸上自衛隊の特殊武器防護隊。瞬時に防護マスクを着用し、汚染地域で活動できるように訓練を重ねている。（写真：柿谷哲也）

対策を『特殊武器防護』と称し、個人レベルの装備品の充実を図るとともに、『化学科』職種として、専門の訓練を受けた隊員と特有の機材で編成された化学防護隊、特殊武器防護隊などの部隊があります。有毒ガスなどに対しては、その検知・識別や汚染地域での行動、汚染物質の除去・除染などを行ないます」

陸上自衛隊の化学科部隊は1995年の「地下鉄サリン事件」で除染活動に出動した実績もあり、その装備や能力は、おそらく主要国の軍隊と比較しても、かなり高いレベルにあるのだろうが、ウクライナ軍のこの分野の能力については明らかではない。

「ウクライナ軍はNATO加盟国の部隊と訓練もしているので、一定の対応能力はあると思います。ただし、化学兵器による攻撃は、それを察知したときにはすでに多くの死傷者が発生している状況であり対応が困難です。また、ロシア侵攻以来、機甲部隊などの進撃を阻止するための火力戦闘に注力しているウクライナ軍は、対化学戦の準備にまで十分に手が回らない状態であろうと思われます。したがって、もしロシア軍が化学兵器を使うならば、ウクライナ軍の脆弱な部分、たとえば特定地域で孤立している部隊や、前線への補給拠点などを狙って、化学砲弾を撃ち込む可能性も考えられます」（二見氏）

一度でも化学兵器が使用されれば、ウクライナ軍の作戦・行動は大きく制約されることになるばかりか、ウクライナの一般市民にも被害が及ぶことになるだろう。一方、ロシアも国際社会から激しい非難にさらされ、一層厳しい制裁や報復を招くことになる。ロシアにとってもリスクが高い化学兵器の使用をプーチン大統領が決断する可能性はあるのか？

独裁者が目的達成のために手段を選ばないのは、イラクのフセイン大統領、シリアのサダト大統領らの実例が示している。ロシアによる大量破壊兵器使用が危惧される状況は依然変わりない。

ロシア軍の「損耗率」から読み解く戦争の行方

［2022年3月25日配信］

損耗率50パーセントで「部隊全滅」

2022年2月24日にウクライナへの侵攻を開始したロシア軍は、短期決戦に失敗、当初の作戦の変更を余儀なくされ、戦争は長期化の様相を呈してきている。

3月下旬の報道によると、アメリカ国防総省の高官は「ロシア軍は開戦1か月で総兵力19万人のうち、その10パーセントを喪失している」と発言した。また、同時期のアメリカメディアの報道によると、ロシア軍は1か月の侵攻で死傷者・行方不明者・捕虜の合計が約4万人に上ると伝えられた。

さらに8月に各種メディアが伝えたところでは、アメリカ国防総省のコリン・カール国防次官は「この6か月でロシア軍の死傷者数は約7万～8万人に達している」との見方を示し、ウクライナ侵攻開始以来、ロシアがプーチン大統領の目指した目的を何ひとつ達成していないことを考えれば、このロシア軍の死傷者数は「驚くべきものだ」と述べた（8月8日の記者会見）。この数字が正しければ、損耗率は36～42パーセントとなる。

戦況は泥沼の消耗戦が続いているが、戦争の動向は「損耗率」から読み解くことができるという。

「部隊の損耗率から戦争を継続できるか否かがわかる」と元陸将補の二見龍氏は解説する。

「作戦部隊はその兵力が10パーセント損耗すると戦闘行動に支障が出始めます。これが15パーセントになると、部隊の交代や損耗した部隊の補充・再編成が必要となります」

「部隊交代」とは損耗した最前線の部隊を後方に下げ、所定の戦闘力を有する部隊と入れ替えることだ。「補充・再編成」とは部隊の戦闘力を回復させるために、人員の補充、弾薬や燃料、糧食などの補給品の補給、編組の変更などを行なうことである。

「第一線の戦闘部隊は損耗率20パーセントで戦闘継続が困難な状態になってきて、30パーセントで『組織的戦闘力の喪失』、50パーセントで『全滅』と判断されます」

つまり、損耗率20パーセントを超えたあたりから、負傷者の手当て、収容や後送、あるいは戦意喪失などから後退を余儀なくされる場面が現れ、30パーセントになると実質的に戦闘できる人数が激減し、もはや戦える状態ではなくなり、50パーセントでは部隊全員が死傷していなくても事実上の全滅と見なされるのだ。これをわかりやすい例で示せば、サッカーでチームの3〜5人のプレイヤーを失った状態では、どうやっても勝てないのは明らかだ。

この損耗率と戦闘力の限界は、過去の戦例などの研究から導き出された数字で、部隊の兵科・規模・装備、攻勢・守勢などの諸要素によって変動するので一概に言えないが、日露戦争での日本軍の記録には50パーセント以上の損害を出しながら攻撃戦闘を継続した例もある一方、10〜30パーセントの損害で戦闘不能になったり、全滅と判定された例もある。

決戦場はマリウポリ

ウクライナ軍は3月23日に、キーウ東方20〜30キロメートルにまで迫っていたロシア軍を同市中心部から55キロメートルの位置まで後退させるのに成功したと発表している。

「ロシア軍は部隊の損耗が激しいため、部隊を後方に下げたというのが正しい見方だと思います。しかし、それだけウクライナ軍が善戦している証しです。ロシア軍は戦況の推移とともに攻勢のための戦力が足りない状態になっています」（二見氏）

防衛省が公表している資料などによると、ロシア軍の陸上総兵力の合計は約33万人。そのうち19万人がウクライナ侵攻に投入されたとなると、全軍の57・5パーセントにあたり、ロシア軍はすでに6割に近い兵力を用いたことになる。
「ロシア軍には主要各国の陸軍と同様、歩兵、砲兵、戦車（機甲）、工兵、空挺など各兵科別の学校があります。今後はそこの学生や教官からなる部隊を作り、最前線に投入することも考えられるでしょう。ロシア軍は数日の短期決戦で首都キーウ陥落、ゼレンスキー政権の崩壊を企図していました。しかし、侵攻開始1か月でその戦略を変えざるをえなくなった。そこで新たに企図した作戦が、クリミア半島とウクライナ東部の親ロシア派占領地域を陸続きにするというものです。もし、作戦目的を変更した場合、他軍管区の兵力やウクライナ北部と北東から侵入したロシア軍戦力を再編成し、東部と南部へ必要な戦力を転用する必要があります」（二見氏）
ロシア軍の兵力再編成はキーウ東方で開始された。兵力の足りないロシア軍は総兵力約5万人のベラルーシに対し、ウクライナへ派兵するよう迫っているようだ。
「そうなれば、決戦場はマリウポリになると予測できます。現在、マリウポリはロシア軍に包囲されており情報が外に出ないため、ロシア軍が化学兵器を使う可能性も十分に考えられる。ウクライナ軍はそれを阻止するための作戦に出ると考えています」（二見氏）
そのウクライナ軍の作戦とは、首都キーウ攻防戦においてロシア軍の圧力が弱まったため、ウクライナ軍の兵力には余裕が出てきた。さらには、首都防衛のために温存していた予備兵力が不必要

（上）破壊されたマリウポリの街（写真：ウクライナ内務省）と、（右）戦争前のきらびやかなマリウポリの街並み（写真：ウクライナ観光局）

になった。この二つの兵力を投入し、ロシア軍のマリウポリ包囲網の突破を試みる、というものだ。

「マリウポリがウクライナ軍に奪還されれば、ロシア軍のクリミア半島と親ロシア派支配地域を陸続きにするという戦略は幻に終わってしまいます」

3月24日、マリウポリから西へ80キロメートルのベルジャンシク港に停泊していたロシア海軍の大型揚陸艦オルスクが、大爆発を起こして沈没した。ロシア軍は陸上での戦闘で、アメリカなどがウクライナに供与した対戦車ミサイルによって、戦車などの機甲戦力にかなりの損害を出している。その補充の一環として、ロシア海軍は海からマリウポリへの戦車を上陸させようとしていたが、これをウクライナ海軍に阻止されたかたちだ。

前述のコリン・カール国防次官は「ウクライナ軍の士気と戦意に問題はなく、ロシア軍の平均的な戦意よりもはるかに高いためウクライナ側に大きな優位性がある」と述べている。

また、イギリス対外情報部（ＭＩ６）のムーア長官は、ロシア軍の作戦と状況について「失速する寸前にある」との見方を示した。「ロシア軍は今後、数週間で人的資源の補充で一層の困難に直面するだろうと分析している。何らかのかたちで作戦遂行の停止を強いられ、ウクライナ軍に反撃の機会を与えることになるだろう」と予測し、この理由として「ウクライナ軍の士気は依然高く、欧米から供給されている良質な兵器も増えている」と説明した。一方、ロシア軍について「東部戦線での攻撃では兵士を〝使い捨てる〟ような状況も多く出ている」とも述べている。

このような発言を裏付けるように、3月下旬には、ウクライナ軍がロシア支配地域の奪還に向けた動きを見せており、今後もロシア軍の死傷者数の増加が、プーチン大統領の目論みが頓挫するのか、戦争の行方を予測する一つの重要な指標になるだろう。

［2022年3月28日配信］

異国で戦う「義勇兵」のリアル
――義勇兵、傭兵、外人部隊を経験した日本人兵士が語る

武器の支給は最低限。それでも一歩前で戦う

圧倒的な戦力を誇るロシア軍の侵攻を受けているウクライナ政府が、世界各国へ向けて「義勇兵」の参加を募っている。2022年3月8日現在、欧米各国の実戦経験者を中心に、ロシア軍と戦うため応募した者はすでに2万人以上にのぼるとみられ、日本でも在日ウクライナ大使館の呼びかけに、約50人の元自衛官を含め70人ほどの応募があったと報じられた（日本政府は「現地に行かないでほしい」との声明を発表）。

正規軍でもなく、民間軍事会社の傭兵でもなく、個人として異国の地で戦う義勇兵とはいったいどんな存在なのか？　彼らを待っているのはどんな戦場なのか？かつてアフガニスタン紛争やボ

スニア紛争、ミャンマー内戦で戦った経験のある高部正樹氏と、フランス外人部隊の一員としてアフガニスタンで実戦を経験した野田力氏に聞いた。

――そもそも「義勇兵」とは？「傭兵」とは何が違うのか？

「傭兵は仕事として請け負うプロの兵士ですが、義勇兵は信念や理念、義侠心から無報酬で戦う兵士です。私の場合、アフガンやミャンマーでは完全な義勇兵の立場。ボスニアでも月数万円のわずかな報酬こそありましたが、気持ちとしてはボランティア、義勇兵でした」（高部氏）

――ウクライナではどんな待遇になる？　力になるために必要なスキルは？

「私にも〝知り合いの知り合い〟のような人から募集の知らせが回ってきました。そこには『給与なし、現地まで自力で来てくれ。衣類など個人装備は持参。武器・弾薬、食事、寝る場所は提供する』とありました」（野田氏）

「元陸上自衛官なら、市街地戦闘訓練の経験がある普通科連隊、中央即応連隊、特殊作戦群、第1空挺団、水陸機動団などの出身で、在職10年以上の陸曹（下士官）クラスが望ましい。かつ、意思疎通可能なレベルの英会話能力が必要です。市街戦はすさまじい混戦になるので、味方との情報共有ができないと、敵中に取り残されたり、味方から撃たれたりすることもある。私が参加したクロ

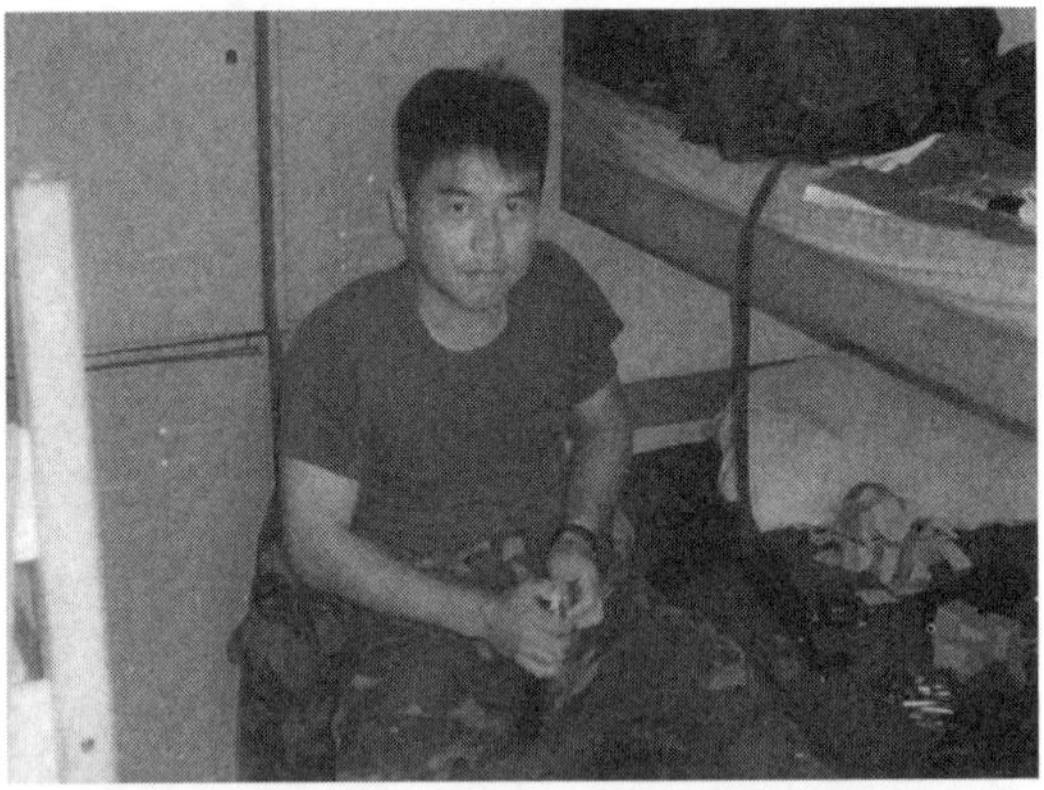

高部正樹（たかべまさき）　元航空自衛官。退職後、製造業のライン工として働き資金を貯め、1980年代後半にアフガニスタン紛争で義勇兵としてソ連軍と戦う。ビルマ軍と戦うカレン民族解放軍、ボスニア紛争のクロアチア傭兵部隊「ビッグ・エレファント」にも従軍。写真は1994年、中央ボスニアでの最前線勤務の前日、AKM小銃のマガジンに弾薬を詰める高部氏。

アチアの部隊では英・独・仏語別に分隊があり、私の上官にあたる小隊長は元米軍陸軍大尉で、そこに地元の言葉がわかる現地兵か通訳も配置されました。支給される武器は最低限です。数に限りのある狙撃用スコープや暗視装置付きの小銃は、義勇兵はもらえない。標準仕様の小銃と弾薬、手榴弾くらいでしょう」（高部氏）

――ウクライナまでどうやって行くのか？

「仮に私がまだ若くて日本から行こうとするなら、ツイッターでのウクライナ大使館の呼びかけに手を挙げるようなことは絶対しません。日本政府から横やりが入ることがわかっているので。勝手に自分で行きます」（高部氏）

「ポーランドから陸路でウクライナ入りするのが一般的なルートだと思いますが、日本からポーランドへ直接行くと怪しまれる。まず欧州のどこかの国に行ってから空路または鉄道などでポー

ランドへ向かうルートが考えられます」（野田氏）

――自分で持っていくべきものは？

「歩兵なら使い慣れた戦闘用ブーツと防寒用衣類。あとは緊急包帯、滅菌ガーゼ、CAT（止血帯）、医療用テープ、三角巾、絆創膏、感染予防手袋、鎮痛解熱剤（アスピリンは出血が止まりづらくなるのでNG）、下痢止め薬などが必要になると思います」（野田氏）

――義勇兵が現地で信頼を得るために必要なことは？

「現地の兵士たちは、義勇兵を歓迎する一方、こいつら使えるかなという目で見ていると思うんです。そこで彼らの心に訴えかけるのは、常に現地の兵士たちより半歩前、一歩前で戦う姿です。敵から猛烈な射撃を受けて、味方が全員伏せても、最初に撃ち返し始めるのは義勇兵。それで味

野田力（のだりき）　フランス外人部隊に入隊するため渡仏。コルシカ島駐屯の「第２落下傘連隊」に配属、６年半勤務し、戦闘メディック（衛生兵）としてコートジボワールで治安維持活動、アフガニスタンでは実戦を経験した。写真はアフガニスタン派遣当時の野田上級伍長。

方が助かれば感謝され、一定の評価が与えられます」(高部氏)

——ロシア軍の占領地域でゲリラとして戦う可能性もある。そのときの戦い方は？

「ヒット・アンド・アウェイで、ロシア軍に一撃加えて逃げます。または、自分たちのほうにロシア軍を引っ張り込む。地元の兵士には土地勘があるので、戦車や装甲車など大きな目標を誘い出し、包囲や背後に回り込んでの撃破を狙います」(高部氏)

——しかしながら、自身が被弾したり負傷しては戦えない。それを避けるためのテクニックは？

「飛翔する銃弾が発する音の長さで飛んできた銃弾との距離を測っていました。『ピューーン』は遠い。『ピュン！』は近くから発砲している。『パシッ！ピシッ！』はこちらに銃口が向いている、照準があっているということなのでかなり危険です」(高部氏)

——ロシア軍航空機の攻撃から生き延びるには？

「ゴーッという戦闘爆撃機などのエンジン音がした後、『バリバリ、ガー！』とすごい轟音を立てて急降下してくるので、とにかく伏せる。次の瞬間、投下された爆弾が地上で炸裂します。私がかつて経験した戦場では後方にいた兵士が木っ端微塵になりました」(高部氏)

——遠方からミサイルを撃ち込まれたときは？

「それは運次第です。私の経験では500メートル先にスカッドミサイルが着弾したことがあり

ましたが、衝撃波に突き飛ばされてミサイルの着弾に気がつきました」（高部氏）

――敵との銃撃戦闘中に被弾したら処置はどうする？

「まだ敵が射撃中の場合、応急処置を始めたら格好の標的になってしまう。後回しにして応戦します。銃創が腕や脚などで出血が少なければ、致命的な傷にならないでしょう。撃たれても戦い続けるという心構えが大切です。敵を撃退できたら応急処置をして、後方に下がります」（野田氏）

ロシア軍にもシリアから歴戦の傭兵が参戦

――もしロシア軍の捕虜になったらどんな目に遭う？

「ボスニア紛争では外国人の義勇兵や傭兵は憎悪の対象で、敵に捕まると、激しい暴行を受けたり、尋問時に拷問されたり、あるいは処刑されました。捕虜交換で戻ってきた当時20代後半のアメリカ人傭兵は、歯が全部へし折られていて、髪は真っ白で、老人のように変わり果てていました。ウクライナの戦場では、ロシアにとって日本人捕虜は利用価値がある。カメラの前に立たされて『日本人の僕はロシアに対して悪いことをしました』などと言わされるでしょう。私がかつて戦ったときは、このような可能性があるので、身元がバレて迷惑をかけないように、パスポートを携行していませんでした」（高部氏）

――戦死した場合、遺体は国に帰れる？

「味方が回収してくれることもありますが、状況によっては置いていかれます。ボスニア紛争のときは、棺桶にクロアチアの国旗をかけて埋葬し、木で作った十字架に油性マーカーで名前を書いて立てていました。それでも埋葬してもらえるだけありがたいという感覚でしたね」（高部氏）

――日本政府は「日本人は参加しないでほしい」と言っていますが、実際に外国の紛争に参戦するとどうなる？

「私の場合、帰国の予定は2、3人にしか伝えていなかったのに、日本の空港に着くと公安調査庁の方に声をかけられました。東京都内のホテルまで同行を求められ、そこのレストランでいろいろ話を聞かれましたね。『君の動きはだいたいわかっているよ』という無言のプレッシャーだったのかもしれません」（高部氏）

ただし、ウクライナの戦場に参加する外国人兵は、ウクライナ軍側の義勇兵だけではない。国際政治アナリストの菅原出氏が解説する。

「ロシアは今、シリアで傭兵を募っています。アサド政府軍の兵士やその傘下の民兵だけでなく、アサド政府軍に捕まった反アサド勢力の過激派戦闘員たちも、『ウクライナで戦うなら恩赦』ということでリクルートしているようです。シリアでそうした傭兵部隊に訓練を施しているのが、ロシアの悪名高き傭兵グループ『ワグネル』ですが、今後はそのワグネルが展開している中央アフリカのリビア、マリあたりからも、同様に傭兵が集められてウクライナに送り込まれるかもしれません」

高部氏や野田氏も、こうした実戦叩き上げの傭兵たちと対峙する戦場の恐ろしさをこう語る。

「とくに、IS（イスラム国）と戦ってきたシリア人傭兵は歴戦の者ばかりで、幾多の戦闘を経験し、『敵を殺す』という壁をとっくに越えている連中との市街戦は壮絶な戦場になると思います。ですから、私は日本人がウクライナに行くべきとは思いません。戦場では戦死したほうがマシだと思うような状況は必ずあります。それでも泣き言を吐かず、後悔せず、『俺はウクライナのために精いっぱい戦ったのだから満足だ』と笑って死ねる覚悟があるかどうかです」（高部氏）

「自分が手や足、目や耳など身体の一部を失っても仕方ないと覚悟できないなら、行くなと強く言いたい。遺体が家族や恋人の元に戻るかどうかもわからない。死亡・傷害保険も適用されない。そういう存在になるわけですから」（野田氏）

やはり戦場は生半可な覚悟で行ける場所ではないのだ。

［2022年3月30日配信］
元カナダ軍の〝伝説のスナイパー〟参戦

「ワリ」と世界最長狙撃記録

ロシア侵攻開始以来、ウクライナには世界から2万人以上の義勇兵の応募があったとされ、実際に欧米人を中心に多くの者が現地で戦闘に臨んでいる。カナダのナショナル・ポスト紙の報道によると、3月にはすでに約550人のカナダ人志願者がキーウに入り、彼らによる1個大隊規模の部隊が編成されたという。

そのようなカナダ人義勇兵の中で注目された1人が、カナダ陸軍の元狙撃兵「ワリ（Wali）」だ。現在、40代とされる彼はカナダ陸軍第22王立歩兵連隊の出身で、2009～2011年にはアフガニスタン紛争にカナダ陸軍特殊部隊「JTF－2」の狙撃チームの一員として派遣され、その後、陸軍を退役した彼は2015年にシリアに渡り、義勇兵としてクルド人とともにIS（イスラム国）と戦った経験がある。「ワリ」という名はアフガニスタンで戦った当時のニックネームである。

彼を有名にした背景には２０１７年、イラクでカナダ軍狙撃兵がＩＳの戦闘員を３５４０メートルの距離から狙撃に成功し、これが世界最長狙撃記録になっていることがある。このほかにもカナダ軍狙撃兵にはいくつもの長距離狙撃の記録があり、そこからカナダの元狙撃兵で歴戦の勇士であるワリもその仲間として報じられたことで、それがいつしか３５４０メートルの記録とともに彼の〝凄腕のスナイパー伝説〟として語られるようになったようだ。

スナイパーの任務と役割

ベトナム戦争では、ある戦闘で北ベトナム軍の狙撃兵が前進中の米軍1個大隊を指揮官、無線手、機関銃手ばかりを狙って射殺した。どこから狙われているかもわからないまま、次々に戦死者を出し大隊は釘付けになり、結局後退を余儀なくされたという。

２０００年代の戦場でも、アフガニスタンでフランス外人部隊がタリバンの戦闘員と遭遇し、約2キロメートルの距離から狙撃された。動けなくなった部隊の救助に向かった兵士もまた撃たれるという状況に陥った。フランス外人部隊の兵士たちが装備する5・56ミリ口径の小銃の有効射程は最大４００メートル程度、7・62ミリ口径の狙撃銃も有効射程は千数百メートル程度で反撃できない。結局、このときは射程2キロメートルの対戦車ミサイル「ミラン」で対処したという。

ウクライナでの戦いでは、カナダ人義勇兵のワリをはじめ、ウクライナ人女性スナイパー、オレーナ・ビロゼルスカなど、スナイパーの存在がニュースなどでしばしば話題になっている。そこで、現代の陸戦におけるスナイパーの役割や戦い方について、アフガニスタンでの実戦経験がある元米陸軍大尉の飯柴智亮氏が解説する。

「私は、ワリが使用したといわれているTAC-50（50口径／12・7ミリ弾）のボルトアクション狙撃銃）は扱ったことがありますが、凄まじい命中性能でした。マクラミン社製の精密銃身を搭載し、3・54キロメートルの距離なら、着弾は4・5～5秒後です。

私がアフガンで2キロメートル以遠の標的を高倍率サーマルサイト搭載のM2重機関銃で狙撃したときは、まず標的発見後に2、3発を発射すると、アフガンは禿山なので着弾する砂埃がよく見えます。そこからM2の三脚に装着された器具で高さと左右を調節し、狙撃します。M2を狙撃に使用したのは、1982年のフォークランド紛争が最初といわれています」

M2重機関銃による狙撃で有名なのは、1967年、ベトナム戦争で米海兵隊の狙撃兵、カルロス・ハスコックが10倍スコープ付きのM2で2300メートルの距離から敵兵を倒し、これは長いあいだ長距離狙撃の世界記録だった。また、1982年、フォークランド紛争でもアルゼンチン

科学が進歩し自動化が進む現代戦であるが、狙撃の技術はスナイパーの能力に頼るところが大きい。写真はオーストラリア軍の狙撃部隊。（写真：柿谷哲也）

軍がM2を狙撃に使用し、小銃と軽機関銃しか持たないイギリス軍歩兵は歯が立たなかったといわれている。

現代の狙撃銃は従来の口径7・62ミリクラスのものに加え、口径12・7ミリクラスのロングレンジ・スナイパー・ライフル（長射程狙撃銃）やアンチ・マテリアル・スナイパー・ライフル（対物破壊狙撃銃）が開発、実用化されており、スナイパーの任務や戦い方も変化している。

多くの人々はスナイパーといえば、劇画や映画などに描かれるように特定の重要人物やターゲットを狙った長距離・精密射撃がもっぱらの任務であるというイメージを抱いているだろうが、現実のスナイパーの任務はそれとはかなり異なるという。元陸将補の二見龍氏は、狙撃手の運用について次のように解説する。

「もちろん、対人狙撃もありますが、それは実際の行動の1割ぐらいで、主要な任務は偵察や斥候としての情報収集、警戒・監視や、味方の砲爆撃の目標を指示、着弾を観測する火力誘導、あるいは敵のスナイパーを探し出し、その行動を阻止、無力化する『カウンター・スナイパー』などです」

(二見氏)

ワリは3月4日に元カナダ軍軍人の3人とともにウクライナに入国したと伝えられている。彼らも元スナイパーならば二組の狙撃チームとして活動できるということだ。その後、ネット上の情報で、ワリがキーウ郊外の最前線で殺害されたという噂が流れたが、3月下旬、海外メディアの取材によって彼が健在であることが明らかになっている。

驚くことにワリ狙撃手は1日に40人狙撃したといわれている。

「2005年のイラク戦であればワリの全盛期ですから十二分に可能な数字です。彼は今40歳ですが、その年齢であれば狙撃の腕は落ちませんが、老眼で手元のDOPE表(発射した弾丸が距離ごとにどのくらい弾道が落ちるかを記した表)などが見づらくなります。その対策と思われますが、彼は4人でウクライナに入国したといわれています。狙撃手は観測手(標的までの距離、風速・風向き、温度・湿度を観測し、狙撃手の着弾を報告。それにより狙撃手は着弾修正して、次の狙撃

を正確に行なうことができる）と2人1組で行動します。つまり2方面から相互援護する態勢と思われます」（飯柴氏）

ロシア軍が恐れるスナイパー

ウクライナ側の発表ではロシア軍の侵攻開始以来、2022年3月時点でロシア軍の将官12人（ロシア側が公式に認めているのは4人）を含む高級将校152人が死亡したとしている。

ウクライナ侵攻作戦を指揮するロシア軍将官クラスは20人ほどいるとされ、侵攻開始からひと月あまりのうちに戦死あるいは死亡が伝えられたのは、陸軍第41諸兵科連合軍副司令官アンドレイ・スホベツキー少将（2月28日）、陸軍第29諸兵科連合軍司令官アンドレイ・コレニシコフ少将（3月11日）、陸軍第41諸兵科連合軍参謀長ヴィターリー・ゲラシモフ少将（3月11日）、陸軍第150自動車化狙撃師団長オレグ・ミチャーエフ少将（3月15日）、陸軍第8諸兵科連合軍司令官アンドレイ・モルドヴィチェフ中将（3月16日）、海軍黒海艦隊副司令官アンドレイ・パリー上級大佐（3月19日）、陸軍第49諸兵科連合軍司令官ヤコフ・レザンツェフ中将（3月25日）らである。

このなかで、注目すべきはアンドレイ・スホベツキー少将、アンドレイ・パリー上級大佐、ヤコフ・レザンツェフ中将で、この3人は狙撃あるいは銃撃によって死亡したと伝えられている。

「これについては日時や場所などから、ワリたちの狙撃によるものではないと思います。3人の死亡時の詳しい状況なども明らかではなく、狙撃兵がどれほどの戦果を上げているかはわかりません」(二見氏)

「さすがウクライナに入っていきなりは無理だと思います。まず最低2週間は現地の気候と風土に慣れることから始めます。狙撃銃も現地の高度、湿度、温度などに合わせてゼロイングを再度行なわなければなりません。

しかし、ウクライナでは市街戦も各地で展開されており、そこでは狙撃兵にとっては有利な状況であることは間違いありません」(飯柴氏)

しかしながら、現在はドローンや無人偵察機、サーマル(熱感知)カメラやIR(赤外線)暗視装置などの偵察・監視機材により昼夜の区別なく戦闘が可能で、狙撃手も敵に発見されずに行動するのは容易ではなくなっているという。

「アフガンでAC130ガンシップから撃たれるタリバン兵を生で見ました。敵兵ですが、『逃げろ!』と叫びたくなるほどでした。無人機の偵察能力はここ数年でさらに飛躍的に進歩しています。狙撃手もそれ相応の対処法が求められます」(飯柴氏)

つまり、現在の戦場では、敵も味方も存在を秘匿しようとしても機械の目から逃れることがかな

赤の広場軍事パレードで宮殿の上に陣取った大統領警備のロシア特殊部隊狙撃兵。右の狙撃手はケンピンスキーホテルにいる撮影者に向けている。（写真：柿谷哲也）

り難しく、したがって、スナイパーの役割は対人狙撃よりも偵察・監視などの情報活動と火力誘導などの比重がさらに大きくなっているのである。

ウクライナ軍の対戦車ミサイルや自爆型ドローンがロシア軍に対して大きな戦果を上げているのも、スナイパーの働きが大きく寄与しているのは間違いない。当然、ロシア軍もこのことを認知しており、このようなウクライナ軍の戦法に「カウンター・スナイパー」で対抗していると想像できる。

「ロシア軍には、ソ連軍の流れをくむ優秀な狙撃部隊がいます。第2次世界大戦時のスターリングラード攻防戦で257人を狙撃したとされる、ザイツェフ大尉がいました。そのロシア

軍狙撃兵をワリに対して投入すれば、ワリも簡単に狙撃ができる状況ではなくなるでしょう」（飯柴氏）

事実、海外メディアの報道によると、インタビューに応じたワリは「いま対戦車ミサイルを手に戦おうとしている」と語ったという。

「フォークランド紛争でイギリス軍は12・7ミリ機関銃で狙撃されると対戦車ミサイルで対応しました。ワリが最初から対戦車ミサイルで戦うというのは理にかなっています。一般には認知されていないかもしれませんが、有線誘導式対戦車ミサイルの命中精度は、3・75キロメートル先の戦車の砲塔を狙って外さないほど正確なんです」（飯柴氏）

断片的に伝わってくる情報によると、ワリはウクライナ軍が編成した義勇兵からなる「国際部隊」のカナダ人グループの一員として戦っているといい、すでに6人を狙撃で倒したという情報もあるが、狙撃兵は敵にとって憎悪の対象なので、今後もワリの動向や働きが明らかになるとは考えにくい。

ワリや女性スナイパーのヒロゼルスカについて一時、死亡説が流れたのもロシアによる情報操作だとされる。それだけワリがウクライナで戦う義勇兵の象徴的な存在であり、また、ロシア軍にとってスナイパーが大きな脅威であることを示しているといえるだろう。

［2022年4月10日配信］

ポーランドのウクライナへの戦車供与

大量の戦車をどう輸送するのか？

2022年4月1日、「アメリカが旧ソ連製戦車をウクライナへ供与の方針。しかしその種類や供与の方法は非公表」という報道があった。そして4月4日、ポーランド国内で旧ソ連製のT72戦車がトレーラーに載せられ輸送される映像が撮られている。

（編集部追記：5月1日、ポーランドのメディアは同国政府が「保有するT72戦車をウクライナへ供与した」と報じ、その数は200両以上にのぼると伝えた。そして、この2か月後の7月5日には、ウクライナ軍参謀本部がポーランドとチェコから供与された戦車を公開した）

フォトジャーナリストの柿谷哲也氏は、これらの東欧諸国からの戦車の供与について、その背景

T72戦車は125㎜砲を備え東欧諸国など第一線で使用している。写真はNATO演習中のチェコ軍のT72戦車。50両がウクライナに渡される。（写真：柿谷哲也）

や動きを次のように解説する。

「旧ソ連が開発したT72は、かつてソ連と同盟関係にあった東欧諸国が保有しています。ポーランドとチェコは1980年代以降、輸出仕様のT72Mを自国でライセンス生産し、自国陸軍で運用しています。ただ、両国とも独自に性能向上を図った近代改修型を開発しているほか、NATO（北大西洋条約機構）に加盟したことで、ドイツ製のレオパルドⅡA4などを導入しており、また、ポーランドはアメリカからM1エイブラムスを買う計画です。このようなことからT72は余剰が生じており、これがウクライナへの援助に充てられたとみられます。このほかにもいくつかの東欧諸国も戦車の供与が可能で、その総数は500両以上になるのではないかと思います」

大量の戦車が供与されることになれば、この輸送方法が問題になってくる。これについて元米陸軍大尉の飯柴智亮氏は次のように解説する。

「戦車を空輸できる輸送機は限られていて、1機につき1両の輸送となるのでかなり効率が悪いです。しかもそれがロシア軍地対空ミサイルで撃墜されるようなことがあれば、第3次世界大戦の引き金になってしまう。海路を使い黒海沿岸からの陸揚げは可能ですが、黒海航行中にロシア海軍に撃沈される可能性が非常に高い。そうなれば陸路を選択するしかない」

すると、ポーランドから多数の戦車が列をなしてウクライナに向けて驀進してくる光景が出現するのだろうか。「それはありえません」と元陸将補の二見龍氏は言う。

「戦車は200キロメートルも自走すれば、かなり手間のかかる整備が必要です。また、燃料の補給や乗員の給養など後方支援の問題も出てきます。だから通常、戦車は鉄道貨車か大型トレーラーに載せて輸送します。戦場手前まで運び、そこで態勢を整えたうえで行動が可能になるからです」

ウクライナ軍の反転攻勢はあるか？

すでにウクライナに届けられた戦車は、鉄道や車両によって輸送されたのであろうが、そこにもいくつかの難しい問題がつきまとうという。鉄道ならば一度に大量の輸送が可能だが、鉄路は位置が明らかなので戦車などを運んでいるのがわかれば狙われやすい。大型トレーラーによる車両輸送の場合、まず所要数の輸送車両を揃えられるのか、それを誰が運転するのか、という問題がある。

もし、ポーランド軍の車両や人員を使用すると、NATOが軍事介入したとロシアに見なされる可能性もある。民間の車両とドライバーを使う方法もあるが、それも数は限られるだろう。また、いずれの場合でも、輸送ルートの警備も重要な問題である。

「ロシア軍の特殊部隊による攻撃も想定されます。輸送ルート上の重要な地点にはあらかじめ歩兵部隊を配置し警戒にあたり、航空攻撃が想定される場所には対空火力網を構成します。まず、ポーランド国境付近には巡航ミサイルに対応できて、射程距離が長く防空範囲が大きい地対空ミサイルS300を配備します。S300は旧ソ連が開発したもので、ウクライナ軍は長く運用しています。また、ロシア侵攻後、スロバキアからの援助で供与されています。

これでカバーできない間隙には、中・短射程の地対空ミサイル、携帯式地対空ミサイル『スティンガー』や対空機関砲で対処します。この対空火網を複数設け、ウクライナ東部、南部までの輸送ルートを守ります。また、ポーランド上空にはNATOの早期警戒管制機が行動しており、そのほかさまざまな偵察・監視手段からウクライナ全域と周辺まで、ロシア軍航空機やミサイルなどの

NATO演習でノルウェー中部の村に入ったポーランドのT72戦車。ポーランドはウクライナに200両以上を供与し、自国は韓国から同国製のK2戦車を導入する。（写真：柿谷哲也）

情報が入りますから、それを活用して警備します」（二見氏）

このような態勢が構築、機能すれば、500両にものぼる戦車と装甲兵員輸送車からなる機甲部隊を編成して、ウクライナ軍が反撃に転じることになるのだろうか。

「戦闘部隊は数さえ揃えば、自在に動いて打撃力を発揮できるかというと、それは考えるほど簡単ではないのです。ウクライナにはポーランド国境の西部、北部、東部、南部の四つの軍管区にそれぞれ複数の機械化旅団がいます。それらは損耗した戦車の補充のために使うべきです。東部平原ではロシア軍機甲部隊と正面から衝突すれば、ウクライナは分が悪い。だからドローンや各種の対戦車火力を組み合わせてロシア軍の戦力を少しずつでも弱体化させ、そこへ機械化旅団の戦車を主体とした機甲部隊による機動打撃による戦い方を繰り返しながら、侵攻以前のラインまでロシア軍を押し返し、占領地域を奪回することが作戦の目標となります。

現在、南部ではウクライナ軍の反転攻勢の動きも伝えられるものの、戦況は膠着状態との見方もあります。いずれにしても、ウクライナは南部地域からマリウポリのある黒海北岸の奪回が戦争の行方に大きく影響します。ここは国外との海上交通、輸送、貿易の出入り口だからです」(二見氏)

戦車の供与、輸送はこの戦争の大きなカギになりそうだ。

「戦車を輸送した大型トラックは、帰りは損傷した戦車を回収して帰ります。チェコがT72戦車の修理を申し出ていますので、そこで修理して再び最前線へ持って行きます。戦争は武器と補給物資の供給が常になければ続けられません」(二見氏)

現在までにウクライナに引き渡された戦車の数は不明だが、それらが戦局を動かすカギになっていくのだろうか。

［2022年4月17日配信］

ウクライナへの地対艦ミサイル供与は戦局を大きく変えるか？

艦船へのミサイル攻撃のカギを握る情報活動

2022年4月9日、ウクライナの首都キーウを電撃訪問したイギリスのジョンソン首相は、地対艦ミサイル「ハープーン」をウクライナへ供与すると発表した。同様にスロバキアのエドゥアルド・ヘゲル首相も地対空ミサイルS300をウクライナに供与したことを明らかにした（4月8日）。アメリカも地対艦ミサイルの供与を検討している。

黒海海上からのロシア軍による攻撃はウクライナの策源地である西部地域が大きな危険にさらされることになる。これについて元陸将補の二見龍氏は次のように解説する。

「ウクライナ軍に地対艦ミサイルがあれば、ウクライナ南岸の黒海で行動するロシア海軍艦艇を無力化させることができます。つまり、ロシア軍の海上輸送の兵站を断ち、海上のミサイル基地となっている艦艇を撃沈することができるわけです」

ウクライナ軍は4月13日、ロシア海軍黒海艦隊の旗艦、巡洋艦「モスクワ」に国産の地対艦ミサイル「ネプチューン」2発を命中させ、大損害を与えたと発表し、翌14日、ロシア国防省は同艦が沈没したことを認めた。

「さらに、イギリスなどから異なる種類の地対艦ミサイルが供与されれば、対水上打撃力が増強され、ウクライナは黒海沿岸域での戦いを有利に進めることができます」（二見氏）

供与される可能性がある地対艦ミサイルについて、フォトジャーナリストの柿谷哲也氏はこう解説する。

「イギリスは射程の長い国産の地対艦ミサイルを製造していないので、使用期限が近くなったイギリス海軍の『ハープーン』を提供するかもしれません。ウクライナ製の『ネプチューン』は『ハープーン』に似た性能と運用方法で、射程は100キロメートル以上といわれます。したがって、『ハープーン』はウクライナ軍にとって扱い慣れているものだと思います。アメリカが供与するとなれば『ハープーン』のほかに、ノルウェーが開発した対艦ミサイル『NSM（Naval Strike Mis-

被弾し炎上する巡洋艦モスクワ。（写真：ロシア乗員の SNS より）

sile)』の可能性があります。NSMの発射装置は、すでにアメリカが供与している高機動ロケット砲システム『ハイマース（HIMARS）』を使うことができるからです」

しかしながら、地対艦ミサイルがあっても敵艦を撃沈するのはそう簡単ではないと、元米陸軍大尉の飯柴智亮氏は指摘する。

「敵地上部隊を探知できる軍用機『E8ジョイントスターズ』はロシア海軍艦艇の動きを捉えられますが、敵味方の識別ができません。なので『MQリーパー』クラスの無人偵察機によって敵味方を識別します。これを、イーロン・マスクがウクライナに提供しているネットサービス『スターリンク』で伝えます。さらに電波傍受、特殊偵察部隊からの情報、敵地に侵入している情報員からの情報を総合して敵艦の位置を特定します」

地上の固定目標に弾を撃ち込むのと違い、海上を移動している艦船に正確にミサイルを命中させるためには、発射以前の情報活動がカギを握っているというわけだ。

「2018年にハワイで実施された環太平洋合同演習『リムパック18』では、日米が地対艦ミサイルの実射訓練を行ないました。オーストラリア海軍のP‐8ポセイドン哨戒機などと情報連携して、アメリカ陸軍が『ハイマース』の発射機から6発の『NSM』を、陸上自衛隊は2発の『12式地対艦誘導弾』を発射し、標的になったカウアイ島沖約100キロメートルの洋上に浮かぶ退役した揚陸艦に時間差で命中させて撃沈しました」（柿谷氏）

また、敵艦撃沈にはさらなる障害もあるという。

「地対艦ミサイルで敵艦を撃沈するには、種類の違う複数のミサイルを同時に命中させなければいけません。目標に向かって飛翔中のミサイルが敵艦の対空ミサイルと対空機関砲によって撃ち落されることもあるので、それをかいくぐり目標に到達できるだけの数を撃ち込む必要があります」（二見氏）

事実、ロシア巡洋艦「モスクワ」には、2発の「ネプチューン」が命中したとされるが、同艦はこの2発で〝轟沈〟したわけではない。ロシア側は「火災が発生し搭載弾薬が爆発」、その後「曳航中

モスクワ級巡洋艦の艦橋周囲にある電子戦装置の数々。ウクライナの攻撃に機能しなかった可能性が高い。（写真：柿谷哲也）

に海が荒れたため沈没」と発表しているが、いずれにしても、全長186メートル、排水量約1万2千トンの同艦は行動不能に陥ったとはいえ、簡単には沈まなかったのである。なお、沈没の直接の原因は、搭載していたミサイルの誘爆と船体破損による浸水の二次被害に加え、応急対処（ダメージコントロール）の不備という見方が有力である。

攻撃用というよりも防御用の地対艦ミサイル

巡洋艦「モスクワ」の撃沈で、その名が広く知られるようになったウクライナ軍が運用する地対艦ミサイル「ネプチューン」は、旧ソ連が開発したKh-35を基に射程や電子機器を改良したもので、USPU-360発射機搭載車両（発射機4基）、ミサイルの輸送・再装填車両、射撃指揮・統制車両などから構成され、「PK‐360MC沿岸防衛システム」の名称がある。詳細は公表されていないが、ミサイルは飛翔速度時速約900キロメートル、最大射程距離は280キロメートル程度といわれている。

「このネプチューンに限らず、地対艦ミサイルシステムは複数の大型車両で構成されており、それらがまとまって動くので、敵に発見されれば格好の目標になってしまいます。空や地上からの攻撃に弱いので、味方の勢力圏内において運用します。陸上自衛隊の地対艦ミサイル部隊を例にすると、機動展開はまず偵察隊が先行し発射位置を決め、そこから離れた場所に指揮・射撃の統制装置を置き、沿岸部の山など海上を見通せる場所に目標の捜索・標定レーダーを設置します。レーダーや指揮所などからの情報を得て、はじめに対空兵装のある敵艦艇を狙って射撃を開始します。発射したミサイルが撃墜されるのを阻止するためです。その撃破状況を確認し再装填ののち、残存艦艇に対して射撃を継続します。対空装備のない輸送船は2発も命中すれば沈んでしまいます。こうして、敵の上陸を阻止したり、海上輸送力を喪失させるのです」(二見氏)

地対艦ミサイルは、攻撃用というよりも防御用の性格が強い兵器である。今後の戦局の推移によって、ウクライナが南部地域の奪回を目指し、クリミア半島方面へ戦域が拡大していくことになれば、ロシア軍の黒海からの巡航ミサイルによる攻撃を防いだり、作戦や兵站を困難するため、地対艦ミサイルはウクライナにとって、さらに有力な兵器になっていくであろう。

［2022年4月20日配信］

スロバキアがウクライナにミグ29供与を検討

ロシアSu35 対 ウクライナミグ29

2022年4月11日、スロバキアのヘゲル首相は、同国が保有する12機のミグ29をウクライナに供与することについて検討すると述べた。このミグ29機は、ロシアとウクライナの戦争の行く末を左右するカギになるのだろうか？

フォトジャーナリストの柿谷哲也氏は、スロバキアの戦闘機供与検討について驚きを隠せない。

「スロバキアに12機しかないミグ29をすべて渡すというのは驚きです。スロバキアはF‐16Vをアメリカに発注していますが、まだ納入されていないので、ミグ29供与で生じた戦力不足はNAT

Oが穴埋めする条件になるのでしょうが……。スロバキアのミグ29はミグ29ASという機種で、搭載武器はロシア仕様ですが、敵味方識別装置などのアビオニクス（航空機の飛行や戦闘を制御・統制する電子機器）はNATO仕様（英米製）に換装しています」

スロバキアからのミグ29の輸送方法について、元空将補の杉山政樹氏は次のように推測する。

「スロバキアとウクライナは山岳地帯で国境を接しています。映画『トップガン・マーヴェリック』に登場するFA - 18戦闘機のように、山岳地形に沿って低空飛行してこっそりと運ぶのがよいでしょう」

そうなれば、戦いが激化しているウクライナ東部に投入されるのだろうか？

「ウクライナ東部はロシアから近く、ロシアの組織的戦闘力が及ぶ範囲になります。ウクライナ空軍がロシア空軍と真っ正面から戦うのは不利です。1999年2月25日、エチオピア空軍のスホーイSu27（2機）とエリトリア空軍のミグ29（4機）が空中戦となった。そのときミグ29は3機が撃墜されています。この結果からも、制空戦闘専門でミサイル10発が搭載可能となりさらに強くなったロシア空軍戦闘機Su35と、戦術戦闘機でミサイル4発が搭載可能なミグ29が対戦すれば、ロシア戦闘機が有利。したがって、東部にミグ29を投入してもロシア空軍機に落されてしまう可能性は非常に高い」（杉山氏）

スロバキア空軍のMiG29UBS。13機のMiG29がウクライナに供与され、自国にF-16が配備されるまで、NATO各国が同国の防空を担当する。(写真：柿谷哲也)

では、ミグ29が供与されればどのように運用すべきなのか？　柿谷氏にミグ29の運用上、有利な点について解説してもらった。

「ミグ29は着陸後、滑走路や誘導路をタキシング（航空機が自走して地上を移動すること）時にエアインテーク（エンジンへの空気の取り入れ口）を閉じ、路面の小石や砂、泥、氷などを吸い込まないようになっています。主脚には泥跳ねを防止する泥除けも備えており、これらの機構は未舗装滑走路や不整地においての離着陸に非常に有効です」（柿谷氏）

すると、既存の整備された航空基地や飛行場でなくとも、現在、戦争により耕作ができない広大な農地などに臨時飛行場を作り、そこからミグ29を運用することもできそうだ。杉山氏はミグ29の有効な運用方法を次のように説明する。

「ウクライナ海軍が地対艦ミサイルによってロシア艦隊旗艦モスクワを撃沈し、プーチン大統領は面子を潰されたかたちになった。それと同様のやり方でミグ29を使う方法があります。ミグ29を囮《おとり》にして、ロシア空軍のＳｕ35をスティンガーのような携帯式地対空ミサイルで攻撃する、というものです」（杉山氏）

限られたミグ29の使い方

ウクライナ軍は地上戦において、ドローンと携帯型対戦車ミサイルで戦闘を有利に進めている。それを航空戦闘に応用するのがミグ29と携帯式地対空ミサイルということだ。その戦法は具体的にどのようなものになるのか。

「まずは、ウクライナ空軍は数機のミグ29を超低空で飛行させ、ロシア軍が占領した地域を航空攻撃して注意を引きつけます。ロシア空軍のＳｕ35が現れるとミグ29は戦闘空域から離脱するかたちを作る。上空には制空任務の2機のミグ29飛ばしておき、その2機が離脱が遅れたように装い、それぞれ単機で逃げます。途中、追撃してくる敵機の状況を見極めながら、ミグ29を600メート

MiG29は地上でエンジンを始動している時はインテークの扉が閉まり、地表の異物吸引を防止できる。写真はイラン空軍機。(写真：柿谷哲也)

ルの低高度まで下げると、高度6000メートルあたりにいるはずの追撃中のSu35はルックダウンで低高度の目標を捕捉しなければならないが、これは必ずしもうまくいかない。だから、ある程度の低高度まで降下してくるはずなので、そこを狙うのです」(杉山氏)

Su35を急造した臨時飛行場へと引きつけて、携帯式地対空ミサイルで狙い撃つのだろうか？

「飛行場に着陸するとなると、ミグ29は速度を落さなければならず、Su35が一気に距離を詰めてきます。だから、その作戦はありえません。携帯式地対空ミサイルを配置した高層の建物がある地帯をいくつか準備

ロシア空軍 Su35S はフランカー系列では最も空戦能力が高い戦闘機。マッハ 2.5 の最高速度を出しアフターバーナーなしでもマッハ 1.1 を出せる。推力偏向ノズル付き。（写真：柿谷哲也）

しておき、そこへロシア軍機を誘い込みます」（杉山氏）

携帯式地対空ミサイルとはどんな兵器なのか？

「主要国軍は近接防空用にさまざまな携帯式地対空ミサイルを開発、装備しています。その代表的なものの一つが、アメリカの『スティンガー』です。射程距離は4～5キロメートル。赤外線・紫外線ホーミング（誘導）方式で、発射後はミサイルが自動的に目標を追尾するので、いわゆる〝撃ちっ放し〟にできる。射手1人で運搬、射撃できるので柔軟な運用が可能です」（柿谷氏）

携帯式地対空ミサイルは、ロシア軍機にとって大きな脅威になりうるかもしれない。

「ロシア空軍の組織戦闘においてＳｕ35は必ず２機で行動します。僚機はリーダー機が撃墜されれば、すぐに戦闘空域から離脱します。そこでミグ29の特性である低速域でのコントロールのよさを旋回性能で発揮し、逆にＳｕ35を追跡、空対空ミサイルで狙います」（杉山氏）

ロシア空軍の新鋭戦闘機が撃墜されることになれば、モスクワの撃沈と同様、プーチン大統領のプライドを大きく傷つけることになるだろう。

「ただし、これは情報戦争において一時的に勝利できる奇策であって、ウクライナ空軍の根本的な勝利にはなりません。つまり、ミグ29が供与されたとしてもこのような使い方しかできないのではないか、ということです」

２０２２年４月18日、東部ドンバス地方でロシア軍が大規模攻撃を開始している。この戦争の終わりはまだ見えそうにない。

［2022年4月23日配信］

ロシア巡洋艦「モスクワ」はなぜ2発のミサイルで沈没したのか？

機能しなかった「ダメージコントロール」

4月13日、ウクライナ軍はロシア海軍黒海艦隊の旗艦、巡洋艦「モスクワ」に国産の地対艦ミサイル「ネプチューン」2発を命中させ、大損害を与えたと発表した。翌14日にはロシア側は、地対艦ミサイルの攻撃には触れないまま、同艦が「火災が発生し、搭載していたミサイルが誘爆した」「港に戻るためタグボートで曳航中、海が荒れ沈没した」と発表した。

報道によると、艦長も爆発により発生した火災で死亡したという。この出来事の直後、公開された沈没直前の「モスクワ」の写真には、同艦は左に傾き、艦橋とその後方から激しく黒煙を上げ、船体と構造物は焼けただれていた。フォトジャーナリスト柿谷哲也氏は次のように分析する。

「地対艦ミサイルは、艦艇ではいちばん大きな熱源である艦橋後部、煙突の真下あたりに命中、爆発し、大火災が発生したと思われます。上部構造物の扉から黒い煤が上に向かって付着しているように見えます。これは隔壁閉鎖ができなかったことを示し、被弾後のダメージコントロール（応急対処）がうまくいかなかったことがわかります」

米海軍系シンクタンクの戦略アドバイザー、北村淳氏も同様の見方をしている。

「被弾とほぼ同時に起こった火災とミサイルの誘爆で、艦内の各部署を指揮していた士官の多くが死傷したことで、本来、組織的に対応するべき消火や排水などの作業ができず、それによる混乱が被害を拡大させ行動不能に陥ったと考えられます。最後には乗組員が勝手に退艦してしまい、沈没に至ったのでしょう」

沈没寸前の同艦の写真は、まさにそんな状況を物語っている。しかし、攻撃してくる対艦ミサイルなどへの対空兵装を備えた同艦に、なぜ地対艦ミサイルが命中したのだろうか？

「艦の位置をどのように突き止めたかが重要です。アメリカからの情報提供(位置情報のみで敵味方識別は不明）を得て、偵察ドローンを飛ばし、それにより敵艦（モスクワ）であると確認したのだと思われます。何発の地対艦ミサイルが発射されたのかは不明ですが、陸上から発射された複数

ダメージ・コントロールは海軍艦艇の基本。「モスクワ」では機能せずに被害が拡大した。写真はロシア海軍の艦上火災の訓練の様子。（写真：柿谷哲也）

のミサイルは慣性航法で飛翔し、IR（赤外線探知）で敵艦の熱源を捉え、1発は囮として低高度のまま飛翔を続け、数発のうちの2発が命中したと推定できます」（柿谷氏）

同艦の防空能力、また攻撃時の状況についてはどうだったのだろうか？

「防空能力としては、S300F長距離艦対空ミサイル64発、OSA-MA短距離対空ミサイル40発、AK-630近接防御機関砲6基を備えています。ところが、この攻撃時に対空ミサイルを1発も発射した形跡がありません。ウクライナ軍の『ネプチューン』は黒海沿岸から発射されて8分ほどで『モスクワ』に到達し、同艦が対空レーダーで捉えていたとしても、その時点で着弾まで4分を切っていたと考えられます。その段階で戦闘担当士官が敵ミサイル攻撃と判断、対空戦闘開始となりますが、ロシア軍の指揮命令系統は硬直的なので、上官に防御戦闘許可を求める手順を踏んでいるうちに、対空戦闘の機会を失ったのではないかと考えられます」（北村氏）

柿谷氏も言及しているとおり、艦艇は戦闘中、被弾などで損傷や被害が発生すると「ダメージコントロール」と呼ぶ応急対処を実行する。

「米海軍や海上自衛隊の艦艇を例にとると、被弾時には初期消火がカギになります。艦内には専従の消防隊はおらず、戦闘配置にともない艦内各部署に応急消火隊が編成されます。火災発生時には火元と有毒ガスの有無を確認し、最寄りの消火隊が初期消火にあたり、逐次、消火隊を投入し延焼を防ぎます。また、損傷による浸水時も艦内に所定の防水区画があり、同様の手順で浸水箇所の穴を木材の補強材などでふさぐとともに排水などのダメージコントロールを実施します。応急対処は乗員がどれだけの消火や防水の練度の高さがあるかにかかっています。海上自衛隊やアメリカ海軍の艦艇では出航翌日と航海中最低1週間に1回、抜き打ちでこれらの訓練を実施して応急対処の腕を磨いています」（柿谷氏）

「モスクワ」では、このような応急対処ができなかったとの見方が有力だ。

「被弾後に応急対処しようにも艦橋や艦内各部署にいた命令できる士官の多くが死傷してしまっ

た。本来、機能すべき艦長以下、下級士官や下士官レベルに至る指揮命令系統が働かなかったことが、致命的な混乱を引き起こしたと考えられます。さらに乗組員の水兵の大半は徴集されて7か月程度の訓練を受けただけで配属されており、訓練、経験不足であったことは間違いありません」（北村氏）

露呈したロシア海軍の練度不足

「モスクワ」の沈没はロシアへどんな打撃を与えたのか？　まず同艦がどんな艦だったのか柿谷氏が解説する。

「同艦は旧ソ連海軍の『スラバァ』級ミサイル巡洋艦の1番艦の『スラバァ』として1983年に就役しました。同型艦はほかに3隻建造されています。ソ連邦崩壊後の1995年に艦名を『モスクワ』に改め、2004年から黒海艦隊の旗艦になりました。このクラスのミサイル巡洋艦は味方海上部隊を護衛しつつ、敵空母機動部隊を攻撃する任務にも対応するため、多様な兵装を備えています。前述した各種対空ミサイルのほか、P‐500またはP‐1000艦対艦ミサイル16発、対空対地用艦載砲、対潜ロケット弾発射機、魚雷発射管などを搭載しています。就役から37年が経っていることから、アメリカなど西側海軍の新鋭艦に比べれば、やや見劣りしますが、ロシア海軍黒海艦隊は有力な戦力の一つを失ったといえるでしょう」

「モスクワ」の沈没は、ウクライナ側の発表どおり地対艦ミサイルによるものならば、第2次世界大戦以降では1982年、フォークランド紛争でイギリス海軍原子力潜水艦がアルゼンチン海軍の巡洋艦「ヘネラル・ベルグラノ」を撃沈した以来で、戦闘で沈められた最大の戦闘艦ということになる。

「ロシア海軍の戦力に与えた打撃よりも、艦隊旗艦が沈没したのですから、プーチン大統領や軍上層部に与えた心理的打撃のほうが大きかったに間違いありません。ロシア海軍としては、たった2発の地対艦ミサイルで巡洋艦、ひょっとすると、搭載していた戦術核弾頭ミサイルもいっしょに沈められたということで面目を失いました」（北村氏）

「モスクワ」の喪失は、ロシア海軍の全体的な戦力に打撃を与えるものではないが、地上戦の初期段階から脆弱さを露呈したロシア陸軍と共通する将兵の質、練度、指揮・運用上の問題点を海軍においても示す結果になったといってもよいだろう。

［2022年4月25日配信］

ウクライナ軍「ドローン戦術」の意外な強さの秘密

小型ドローンによる〝低高度航空優勢〟

圧倒的に不利と見られていたウクライナ軍が善戦を続けている。世界中の多くの専門家は、侵攻から数日以内に首都キーウが陥落すると予測したものの、実際には1か月以上も戦線が膠着し、ロシア軍は東部攻略へと目標の縮小を余儀なくされた。

報道によると、開戦から35日間で破壊されたロシア軍の車両は計2300両（うち戦車650両）にのぼる。この大戦果をもたらした要因の一つとして注目されているのは、アメリカがウクライナに提供した対戦車ミサイル「ジャベリン」をはじめとする対戦車兵器だが、じつは、その活躍の背景には「航空優勢」をめぐるウクライナ軍の奮闘がある。

航空優勢とは、自軍の航空戦力が敵の航空戦力よりも優勢であり、敵から大きな妨害を受けずに陸海空の各種作戦を実施できる状態をいう。戦域の上空で自軍の戦闘機や攻撃機が自由に行動できれば、地上部隊は空から敵に攻撃される心配がなく、一方、自軍は空からの攻撃や偵察などが自在に行なえる。反対に航空優勢が確保できない状況では、自軍の作戦・行動が大きく制約され、思うような戦果を上げることができない。

航空自衛隊で第302飛行隊隊長、第4航空団司令などを務めた元空将補の杉山政樹氏が解説する。

「かつては飛行場と空母を潰してしまえば、空を絶対的に制御できたため、『制空権』と呼ばれました。一方、現在では戦闘機、ヘリ、無人機と航空戦力が多様化し、百パーセントの制御が難しくなったため、局地的に空で優勢的な状態を確保することを『航空優勢』と呼ぶケースも増えています」

ただ、スホーイやミグなどの最新鋭戦闘機を保有するロシア空軍の戦力に、ウクライナ空軍は遠く及ばない。それなのに、なぜロシア軍は航空優勢を確保できないのか？

「ウクライナの戦場では今、新しいコンセプトの航空戦が繰り広げられています。その主役は、高度300メートル以下を時速180キロメートル以下で飛行する小型ドローン。いわば〝低高度航空優勢〟とでもいうべきものをウクライナ軍が確保しているために、ロシア軍は大苦戦を強いられているのです」（杉山氏）

ウクライナ軍がロシア軍の車両を撃破する一部始終を収めた映像が、インターネット動画サイトにいくつも上げられている。

その一例を再現すると、最初は上空からドローンが撮影したアングルで、1両のロシア軍装甲兵員輸送車が道路を走っている。装甲車が角を曲がると、画面は地上にいるウクライナ軍兵士のヘルメットカメラの映像にチェンジ。兵士は携帯式対戦車ロケット弾を発射し、車両の側面に命中した。

元米陸軍大尉で第82空挺師団対戦車中隊に所属した経験のある飯柴智亮氏はこう分析する。

「単独で動く戦車や護衛をともなわない輸送車両に対し、ドローンで偵察して移動ルートを割り出して待ち伏せる。そして絶好のタイミングで、対戦車ロケット砲で狙い撃つ。このショートレンジ・エア・ランド・バトル（短距離空陸統合戦闘）は非常に有効です」

軍用ドローンの分類

カテゴリー❹	カテゴリー❸	カテゴリー❷	カテゴリー❶

民生用ドローン	**バイラクタル TB2（トルコ）**	**プレデター（米）**	**グローバルホーク（米）**
速度： 時速180キロ以下	**速度：** 時速200〜450キロ	**速度：** 時速200〜700キロ	**速度：** マッハ0.9〜2
用途： 偵察索敵,自爆攻撃	**用途：** 戦域偵察,対地攻撃（特に対戦車）	**用途：** 戦域偵察,対地攻撃	**用途：** 戦略偵察,有人機との連携・編隊
特徴： 低空を低速で飛行するため敵戦闘機の迎撃を受けにくく、かつ極めて低コスト。ウクライナは地上との統合戦術で大戦果を上げている	**特徴：** コスパに優れたTB2は2020年のナゴルノカラバフ紛争で多くの戦車を破壊。ウクライナ軍も対ロシア戦に投入している	**特徴：** 精密対地攻撃能力を有する高高度無人機。プレデターは対アルカイダ作戦やリビアのカダフィ大佐の殺害作戦にも参加	**特徴：** 高高度を長時間飛行できる戦略偵察機。北朝鮮のミサイルなどを監視するため空自もグローバルホークを2022年3月に配備

注：ドローンの種類や能力・戦術は猛スピードで進化しており、この表は速度や用途によって分類した一例

戦闘機は小型ドローンを撃ち落とせない

それなら、なぜロシア空軍はまずこのドローンを撃墜しないのか。杉山氏はこう語る。

「軍用無人機はサイズや速度、活動高度などから4つのカテゴリーに分けられます（上表参照）。これに対峙する戦闘機パイロットの立場で考えると、1、2、3番目のカテゴリーに入るような、ある程度の推進力を持つ大型無人機なら、エンジンの熱源を熱線追尾ミサイルでロックオンして撃墜できます。しかし、ウクライナが索敵に使っているような4番目のカテゴリーに入る小型・低速のドローンに対しては、至近距離からでない

ウクライナのドローンが、近接でロシアの榴弾砲を照準した画像。（写真：ウクライナ軍 SNS より）

とロックオンできない。しかも、爆発で生じる破片によって自機が大きな危険にさらされてしまいます。

また、熱源ではなくレーダーでロックオンしようにも、あまりにも敵ドローンが小さすぎてレーダーに映りません。そして、最終手段の20ミリ機関砲で直接狙おうにも、戦闘機のスピードでは小型・低速のドローンを肉眼で視認できません。たとえば走行中の新幹線の車窓から外を眺めていても、進行方向と反対側に向かって飛ぶスズメなんてはっきり見えません。それと同じことです」

数十億円相当の最新鋭戦闘機の〝盲点〟は、なんと1機数万〜十数万円程度の小型ドローンだったのである。

イーロン・マスクの衛星ネットが貢献

この4番目のカテゴリーのドローンはLSS（ロー・スモール・スロー：低高度・小サイズ・低速度）と呼ばれる。

「2014年の東部ウクライナ紛争で、ロシアのLSSの偵察と自爆攻撃に徹底的にやられたウクライナは、軍事大学で戦術の研究を開始しました。国内の航空産業にどんどん無人機を作らせ、どんな作戦が可能か実験を繰り返したのです。その結果、たどり着いたのがロシアの電波妨害を回避でき、指揮通信設備を攻撃されて無線操縦が不能になっても自立飛行できるのがLSSです。

従来のように上空での航空優勢を獲得しにいくのではなく、低空のLSSと地上の携帯式対戦車火器の組み合わせで戦う方法はこうして生まれたわけです。そして、米軍もこの戦術の向上を徹底的に後押ししてきました。ウクライナ西部には、この戦技戦法を徹底的に研究・教育する場所があるといわれています」（杉山氏）

ロシアの侵攻を受け、ウクライナ軍は民間人にもドローンの提供と操縦士としての参加を呼びかけており、キーウ市内の販売店ではすでに2000機以上が売れたとの情報もある。ウクライナ各地では今、軍人のみならず民間のIT技術者なども参加して、おそらく数千機の小型ドローンが低空域を偵察飛行し、〝ゲームチェンジャー〟の役割を果しているのだ。

しかも、このドローン戦術の大躍進には、アメリカの宇宙企業「スペースX」の創業者であるあのイーロン・マスク氏もひと役買っているという。

ドローンが捉えたロシア軍車両の映像や位置情報は、マスク氏がウクライナに提供した衛星インターネットサービス「スターリンク」を通じて、ロシアの妨害を受けることなくウクライナ軍の作戦・戦闘指揮所に送られる。この情報をもとに、指揮所は待ち伏せする対戦車攻撃チームに目標の位置や動きを指示する。

すると攻撃チームは、スターリンク経由でドローンからの空中映像をスマートフォンでリアルタイム受信しながら敵車両の接近を待つ。敵車両が射程内に入ると、たとえばイギリスから提供された対戦車ミサイル「NLAW」なら、目標に3秒間照準を合わせてから発射すれば、あとはミサイルが、いわゆる〝撃ちっ放し（発射後は誘導が不要）〟で命中してくれる。そして、奇襲を成功させた攻撃チームはすぐに現場を離脱する。

ウクライナ軍はこの戦法で対機甲戦闘を展開し、ロシア軍にすさまじい損害を与え続けているのだ。また、ウクライナ軍に対してはNATO諸国から続々と対戦車兵器が送り込まれており、さらに米軍からは対車両攻撃用の自爆タイプのドローン「スイッチブレード」も提供された。ウクライナの戦場は小型ドローン戦術による新しい現代戦の様相が出現している。

UAE 陸軍ドローンによるスウォーミング攻撃のデモ飛行。UAE は中国企業と提携してドローン技術と対ドローン技術を導入。（写真：柿谷哲也）

中国がロシアを支援なら米中の代理戦争に？

ただし、ロシア軍は膨大な数の無人機と正面から戦うことを避け始め、戦略を転換しつつある。たとえばウクライナ西部の軍機関・施設や兵站の策源地へは長距離ミサイルで攻撃し、東部では市街地や工場地帯への人道を無視した無差別爆撃を加えて民間人の継戦意志を削ごうとしている。

そして、杉山氏はもう一つ大きな懸念があると指摘する。

「ロシアは中国に軍事支援を要請していますが、その主な狙いは最新ドローン技術だという見方があります。中国は2020年10月の軍事演習で、1・2メートルサイズの小型ドローンを複数機射出できる車両から48機同時に放つ技術を見せるなど、アメリカと並ぶ最先端のドローン技術を持っているからです」

今のところ、中国は国際世論の動向をうかがっており、表立って支援をする気配はない。ただし、欧米から民間軍事会社がウクライナ支援に入っているのと同じように、他国で設立した〝民間ドローン会社〟を参入させる可能性は十分に考えられるという。

世界各地の武器見本市で中国製ドローンを取材したこともあるフォトジャーナリストの柿谷哲也氏はこう言う。

「2022年2月の北京冬季五輪ではドローンのショーが話題になりましたが、もちろんこうした技術は軍事分野にも転用されています。私はアブダビの武器見本市で、中国とUAE（アラブ首長国連邦）の合弁会社が作ったドローン100機編隊によるデモ飛行を見て、たいへん恐ろしい印象を持ちました。まだ1機ずつが独立して飛行しているわけではないのですが、たとえばドローンに対してドローンを衝突させ、撃墜する〝人海戦術〟のような『対ドローン戦法』は、ウクライナ軍のドローンに対しても有効でしょう」

すでにロシア軍は中国DJI社のドローン検出技術を使っているといわれており、ウクライナ軍が飛ばす同社製のドローンを最大48キロメートルから探知できる。もしロシア軍が中国から大量のドローンを一斉に飛ばす技術を提供されれば、当該の空域に数百機を弾幕のように通過させて、激突するまで何回も往復させればよい。そして、帰還したドローンに消耗分を補充して再び射出装置に装填し、次の標的に指向させる。極めてコストの安いLSSだからこそできる〝ドローン潰し〟である。

「さらに、近い将来には各機が完全自律式で情報を並列処理し、相互通信しながら共有する『スウォーム技術』が実用化されるはずです。こうなると、群れの端の個体がワニに襲われながらも川を渡るヌーのように、一部のドローンが脱落しても、中心的な機体が生き残ればさまざまな作戦を完遂できるドローン編隊が出来上がります」(杉山氏)

このような最新技術がなりふり構わぬロシア軍に渡れば、戦況はウクライナにとって悪いほうへ大きく変わってしまう可能性もある。

たとえば、12・7ミリ弾を使用した「アンチ・マテリアル・ライフル(対物破壊用狙撃銃)」は、威力が大きいため人間に対して使用することが国際法上認められていない。しかし実際の戦場では、「対戦車火器などを狙って撃ったら、その射手の兵士も巻き込まれた」という〝解釈〟で、事実上の対人攻撃にも用いられるケースがあるという。

それと同様に、ドローンが地上の兵士を追尾して直接攻撃する〝殺人兵器〟として使われることは国際的に批判が大きいが、「アンチ・マテリアル・ドローン」という名目で事実上の対人攻撃に使われてしまう可能性は否定できない。杉山氏はこう指摘する。

「3月14日にイタリアのローマで行なわれた米中政府高官の会談で、米側はロシアに対する軍事支援をしないよう中国に強く伝えたと報じられました。おそらくアメリカが最も強調したのは『ドローンの最新技術を提供するな』ということだったのではないかと私は推測しています。

言い方は悪いのですが、今はまだ、低空でのローレベルな無人機戦だけですんでいる。しかし、もし中国がスウォーム技術を含めた最新技術をロシアに提供すれば、米側も同等のものを出さざるを得ない。それはすなわち、ウクライナで米中のドローン代理戦争に発展するということです。『次のステップに進ませるなよ、わかっているだろうな』ということでしょう」

危険なエスカレーションのスイッチは中国の手に握られている。

［2022年4月29日配信］

ウクライナとロシアの戦いで「戦場の無人化」が進む

偵察・攻撃用ドローンの活用

ウクライナ東部で、ウクライナ軍とロシア軍機甲部隊との戦闘が激化している。ウクライナ軍が小型ドローンとアメリカから提供された携帯式対戦車ミサイル「ジャベリン」や「LAW」を使い、ロシア軍機甲部隊に大きな損害を与えながらも、戦況は双方、一進一退の様相が続いている。ロシアに奪われた領域の奪還を目指すウクライナ側に対応策はあるのだろうか？

戦況の推移とともにインターネット上の動画サイトなどには、ウクライナ軍がロシア軍機甲部隊を撃破する映像がいくつも出始めた。そんな映像の一つには、以下のようなシーンがある。

ある穀倉地帯の畑に、火砲による無数の弾着痕がある。これはロシア軍の榴弾砲によるもので攻撃準備射撃の弾着痕だ。しかし、ウクライナ軍はすでに後退しており、そこにはいない。そんな無人の畑に現れたロシア軍機甲部隊が待ち伏せしていたウクライナ軍から攻撃を受ける、というものだ。なぜそのようなことが起きたのか？

この映像を撮影したのは、ウクライナ軍の偵察用小型ドローンだ。ドローンが飛行する数百メートル程度の高度から見ると、ロシア軍部隊の足跡やキャタピラ痕が至るところに残っているのがわかる。それが見えれば、ロシア軍の動きや位置は一目瞭然だ。ウクライナ軍は戦場の新しい概念である〝低高度航空優勢〟を確保しようとしている。

高度４００メートル以下を速度１８０キロメートル以下で飛行する小型ドローンは、ジェット戦闘機で撃墜することは不可能だ。さらに、小型ドローンは発見が非常に困難でロシア軍はほんの一部しか撃墜できていない。

ウクライナ軍は、これと同様の戦い方をこれからも追求していくのだろうか？　それについて、元空将補の杉山政樹氏はこう解説する。

「首都キーウでの戦闘では、ドローンによる偵察範囲は見通し範囲で約5キロメートルほどでした。しかし、現在、主戦場になっている東部戦線では40～１００キロメートルの行動能力が必要で、

兵士が携行できる自爆突入型ドローンのスイッチブレード。写真はその対戦車・装甲車用の600型。ウクライナには2022年から供与開始。（写真：柿谷哲也）

トルコ製の固定翼無人機『ＴＢ２』並みの性能が必要です。しかし、ＴＢ２は大型で目立つ。そこでアメリカは行動範囲が広く、さらに隠密裏に偵察や攻撃できる能力を有する無人機が必要と考えた。そして極秘裏に開発していたのが戦術攻撃無人機『フェニックスゴースト』だと思います」

報道によると、アメリカ軍が極秘開発した新兵器、「フェニックスゴースト」は、昼夜を問わず6時間連続飛行が可能で、上空から標的を発見、自爆攻撃で装甲車両の破壊が可能だ。それがウクライナへ１２１機以上供与された。

「推定ですが、フェニックスゴーストは電動駆動のプロペラ推進で時速30キロメートルだとしても、６時間は飛行可能。最大１８０キロメートル以遠まで飛べるでしょう。まず、これを偵察のために夜間に発進させる。目標を発見したら自爆攻撃のためのフェニックスゴーストを突入させて敵車両などを撃破、偵察用のフェニックスゴーストは帰還させます。そして夜明けとともに、敵の位置が判明した場所に向けて、これもアメリカ軍から供与された155ミリ榴弾砲を撃ち込む。フェニックスゴーストはこのように使われるのではないでしょうか」(杉山氏)

2022年4月22日付の報道で、アメリカからだけでも155ミリ榴弾砲が90門、その砲弾18万4千発がウクライナへ供与されていることが明らかになっている。

戦闘機パイロット1人に複数の無人機

陸上自衛隊や米軍などの取材で、155ミリ榴弾砲の実射を見たことがあるフォトジャーナリストの柿谷哲也氏はこう語る。

「榴弾砲など野戦砲の射撃は、弾道気象と呼ばれる風向、風速、気温、気圧、湿度などを測定し、そのデータから射撃方法、砲の射角、装薬(発射薬)の量などの射撃諸元を設定していました。また、長距離射撃の場合には射弾が飛翔中の地球の自転も計算に入れて調整する、と聞いて驚きました」

中国企業が IDEX 武器見本市で発表したマルチコプター型の爆撃ドローンの模型。（写真：柿谷哲也）

155ミリ榴弾砲は主要各国軍が保有し、牽引式、自走式があり、型式や弾種によって異なるが、最大射程距離はおおむね2万〜3万メートル、練度の高い砲兵が運用すれば、数十メートル以内の範囲に弾着を集めることもできる。通常、榴弾砲は複数門で射撃を行ない高い制圧効果を発揮する。

「ただし、野戦砲はいったん射撃すると、敵にその位置を発見されやすく、撃てばすぐに移動します。撃った場所を特定されて反撃を受けるため、迅速な展開、射撃、陣地変換を繰り返すわけです。また、従来の砲撃戦は目標の発見、火力の指向、着弾の観測・修正などを人が行なっていましたが、この一部をドローンによって代替する方法も現れています」（柿谷氏）

ドローンが砲撃の目標を発見、射撃を観測し、正確に弾を撃ち込む。すなわち、ドローンを効果的に使えば、ウクライナ軍にとって大きな戦力になる。今後、戦場の無人化が進むことになるのだろうか?

「防衛省やオーストラリアなどが発表している構想では、航空自衛隊は『ロイヤルウイングマン』と呼ぶウイングマン(僚機)を無人機にする計画です。F-35戦闘機からは、パイロット1人が搭乗する編隊長機1機が複数の無人機のウイングマンと『ウェポンキャリー(ミサイル運搬機)』を引き連れ、敵機を迎撃する。最終的に攻撃トリガーを引く判断は編隊長パイロットがする。そんな空中戦の実現に着手しています」(杉山氏)

米軍では、すでにさまざまな分野で装備品の無人化が研究・開発が進展している。

「空母艦上では近い将来、MQ-25無人給油機とX-47Bをベースとした無人戦闘機が搭載されます。空軍はすでに航空学生の半数がドローンパイロットになっているようです。ウクライナでの戦闘の映像を見て、今後は戦車兵になりたいと思う若者は激減するでしょうから、戦車は無人化の道しかないと思います。米海兵隊は無人地対艦ミサイル発射車両の配備を開始しています」(柿谷氏)

ウクライナでの戦争を境に、戦場の最前線での無人化が凄まじい速度で進むのかもしれない。

［2022年5月19日配信］

ウクライナ戦争でアメリカが得る「実戦データ」という利益

兵器の実用性の検証

8月19日、アメリカ・バイデン政権は、ロシア軍侵攻と戦うウクライナへ7億7500万ドル（約1008億円）規模の追加の軍事支援を発表した。これによって、アメリカによるウクライナへの軍事支援は総額で106億ドル（約1兆3800億円）にのぼっている。

これまでにアメリカは、105ミリ／155ミリ榴弾砲、高機動ロケット砲システム「ハイマース」やそれらの砲弾、対戦車ミサイル「ジャベリン」、地対空ミサイルシステム、無人偵察機などをウクライナに供与しているが、軍事支援はアメリカをはじめとする西側支援国の軍隊に副次的な効果をもたらしているという。元米陸軍大尉の飯柴智亮氏は、それを次のように解説する。

「アメリカがウクライナへ供与した兵器がロシアとの戦争で使われており、それによって兵器の実戦データが蓄積されています。軍隊にとって実戦データほど貴重なものはありません。

たとえばアメリカは155ミリM777榴弾砲90門をウクライナに供与しました。1門約200万ドル（約2億6000万円）しますが、1発600万円するM982エクスカリバー砲弾を使用した実戦データがとても重要なのです。砲弾の単価が高いため実射する機会が滅多になく、さらにアメリカ国内では射程50キロメートル以上で撃てる射場は少ないですから。この砲弾は今までの撃ちっ放しの砲弾と異なり、小型翼を複数装備して滑空し、GPS誘導で正確に着弾します。

正直な話、155ミリ砲弾の着弾位置が目標の2メートル先だろうが10メートル先であろうが、狙われた敵兵は死んでしまいます。しかし、誤差2メートルという高い精度は、目標近くで近接航空支援を行なう特殊部隊員にとっては、自分の安全が保障されて非常にありがたいものなのです」

M982エクスカリバー砲弾は2007年にイラク戦争で初めて実戦使用され、射弾の92パーセントが目標の4メートル以内に着弾したという。155ミリ砲弾は弾着から半径40メートル程度以内にいる曝露人員を死傷させる威力がある。誤差4メートルという高精度な砲撃は、味方の兵

歩兵が携行できる重量22kgの多目的ミサイル・ジャベリンは最大射程２㎞。戦車など走行車両も撃破できる。(写真：アメリカ国防省)

士が目標近くにいても、これを避けることができる。

５月中旬の報道によると、ウクライナ軍は東部ドンバス地方でドネツ川の渡河作戦中のロシア軍機甲部隊を砲撃、戦車や装甲車両約80両を破壊、兵員５００人以上死傷の損害を与え、渡河を阻止した。

「これについては、ウクライナ軍の索敵能力に驚きました。渡河作戦は無防備になるため隠密に行なわれますので、それを見つけた能力は大変なものです。発見後、目標を破壊するにはエクスカリバーがあれば簡単ですが、この戦闘だけでもエクスカリバーについてかなりのデータが収集できたはずです」

また、首都キーウ防衛戦で威力を発揮した

とされる携帯式対戦車ミサイル「ジャベリン」についても、アメリカは貴重な実戦データを得たに違いないという。

「敵戦車を撃破した距離、ロシア製各種戦車別にどんなダメージを与えたか（BDA：Battle Damage Assessment）、逆に撃破できなかったケースでの原因や、不発などうまく作動しなかったケースなどでしょうね」

利益を上げる軍事関連企業

8月にアメリカが発表した追加支援では、小型無人偵察機「スキャンイーグル」15機が含まれている。ボーイング社製の「スキャンイーグル」は、1人でも運搬できるほど軽量で、光学、電子、赤外線など単一もしくは2種類のセンサーを任務に応じて選択、搭載でき、偵察地域の状況をリアルタイムで伝えられる。陸上自衛隊も2013年から装備している。

「スキャンイーグルは、飛行を開始して自爆するまでの映像が残ります。なので、どのくらいの距離でどう破壊できたのか、またその命中率やどこに命中したのかなどまで細かくわかります。実戦データの分析が映像によって正確にできることはとても貴重です。元情報将校の立場から言わせて頂くと、無人ドローンが敵兵力の映像を送ってきても、その部隊の兵士の士気や訓練水準などは

日本を含め世界で20か国以上が使用されている偵察型ドローン・スキャンイーグル。24時間以上の滞空性能がある。（写真：アメリカ海軍）

わかりません。そういった敵を見る目利きができるのは、狙撃班の人員です。だから狙撃班は必ず偵察小隊に所属しています」

現在、ドローンはウクライナ軍が活用しているような敵の所在や動きを探ったり、攻撃する戦術的兵器から、さらにもう一歩進んで部隊の運用や兵器の研究・開発に寄与するツールになっていくのかもしれない。では、ウクライナ戦争で得られた実戦データは、米軍でどのように扱われるのだろうか？

「戦場で収集された情報は整理・分類されて、バージニア州シャーロッツビルにあるＮＧＩＣ（National Ground Intelligence Center）に送られます。詳しいことは公表されていませんが、さまざまなデータを分析、研究することで、たとえば兵器に関しては、運用方法やマニュアル、性能の改善、敵の兵器への対抗手段の開発などにつながっていきます。現在、アメリカは初めて自国の兵士を危険にさらさずに得られる実戦データを収集、蓄積しているのです」

ウクライナへの軍事支援は、その結果得られる実戦データが米軍にとって有益なばかりでなく、その先にはアメリカの国防費を増大させる動きにつながっている。巨額な国防予算が軍需産業に流れ込んでいき、軍事関連企業は利益を上げ、それがアメリカの経済を下支えする構造になっているのである。

「アメリカが抱える大赤字をこのような形で補填するのはもちろん健全ではありませんが、今アメリカはなりふりかまっていられない経済状況下にあることも事実です」

西側諸国がウクライナの自由と民主主義を支えようと軍事支援を続けることで戦争は長期化し、ウクライナ、ロシア双方にさらに犠牲者と破壊、そして悲劇が拡大していく一方で、アメリカの軍需産業に利益をもたらすことになるのである。

［2022年6月2日配信］

ロシア軍の黒海封鎖を破り、世界を食糧難から救えるか？

海上輸送をさまたげる潜水艦と機雷

5月24日の報道によると、デンマークが地上発射型対艦ミサイル「ハープーン」をウクライナへ供与すると伝えられた。これについて、アメリカのオースティン国防長官は「対艦ミサイルの供与はロシア軍による黒海封鎖を破り、ウクライナの穀物輸出を再開させることにつながる」と述べた。

ウクライナは世界の小麦輸出量の12パーセントを担い、トウモロコシ生産量は年間3300万トンで世界6位だ。それがロシア軍の侵攻が開始されてから黒海経由の海上輸送が閉ざされ、現在、最大2200万トンの穀物がウクライナ国内に滞留している。

5月18日には、国連のグテーレス事務総長が「何千万人もが栄養失調、大規模な飢餓、飢饉に直面し、さらに深刻な食糧難に陥る恐れがある」と危機を警告した。この危機にさらされている人々は4700万人ともいわれている。

ロシア軍による黒海封鎖を対艦ミサイルでどうやって突破しようというのだろうか。元海将の伊藤俊幸氏（現・金沢工業大学虎の門大学院教授）は次のように解説する。

「結論から言うと、『ハープーン』を供与するだけでは、ロシア海軍の黒海封鎖を解くことはできないでしょう」

ロシア海軍黒海艦隊の旗艦「モスクワ」は地対艦ミサイルの攻撃が沈没の原因になったが、報道などによると、黒海にはまだ20隻あまりのロシア艦艇が展開しているという。

「アメリカが開発した『ハープーン』は水上艦艇だけでなく潜水艦、航空機から発射できる対艦ミサイルで、西側海軍で広く採用されています。射程距離は約130キロメートルといわれています。現在ウクライナ軍が装備している地対艦ミサイル『ネプチューン』に『ハープーン』が加われば、ロシアの水上艦に相当の打撃を与えることが可能で、対艦ミサイルの射程内での行動が困難になります。しかし、潜水艦は阻止できません。ロシア黒海艦隊には『キロ』級と、その改良型『改

最大射程約 130kmのハープーン対艦ミサイル。デンマーク海軍は発射器をトラックに載せ地上発射型として運用している。(写真：デンマーク海軍)

キロ』級、合わせて6隻の潜水艦が配備されています。これらはミサイルも魚雷も撃てるため、とても厄介な存在です」

黒海の封鎖を解くには、このロシア潜水艦をなんとかしなければならないという。ところが、ウクライナは2014年のロシアによるクリミア併合でほとんどの艦艇がロシアに接収され、小型舟艇も今回の戦争で破壊されたため、ウクライナ海軍の戦力はほとんどなく、海上での作戦は不可能な状態である。

「アメリカが参戦することはできませんが、仮に米海軍のP‐8Aポセイドン哨戒機が交代機を含め2機あれば、数週間程度でロシアの潜水艦6隻を排除することが可能です」

潜水艦とならんで、さらに厄介なのが、ロシア軍がオデーサ港外に敷設した機雷だと指摘する。それを処理する手段はあるのだろうか?

「周辺国などから掃海艇を集めて処分することになるでしょう。係維機雷(海底に置かれたアンカーにワイヤーでつながれた機雷)はワイヤーを切断し、浮いてきた機雷を機関砲で射撃し爆破処分します。これは比較的容易なのですが、処分が難しいのはロシア軍が航空機などからばら撒いた感応機雷(海底に敷設され、近くを航行する艦船の磁気や水圧の変化、推進音に反応して爆発する)です。これについては1個ずつ探し出して処分するしかありません。敷設された機雷の数や種類、処分に投入できる掃海部隊の規模にもよりますが、掃海完了には数か月、あるいはそれ以上の時間がかかるかもしれません」

黒海の封鎖を解くためには、潜水艦の無力化と機雷掃討が大きな壁になって立ちはだかっている。これらを解決しても、次はオデーサを出る貨物船の護衛も課題だ。

「たとえば16隻の貨物船が4列に並んで一つの船団を作ります。この船団をイージス艦2隻、駆逐艦4隻が囲んで安全な海域まで護衛します」

「ベルリン鉄道輸送作戦」

このような方式で海上輸送を再開し、それが順調に続いていけば、食糧危機は数か月で解消できるかもしれない。

「しかし、そううまくはいきません。仮に各国が船団護衛の艦艇や航空機を派遣しても、航空優勢のない地域では行動できません。ウクライナ軍が黒海上空の航空優勢を確保すれば、海上におけるロシア軍の脅威を排除できると思いますが、現状では不可能です」

黒海上空の航空優勢を実現するのはウクライナの航空戦力だけでは難しい。そのためにはNATOの航空戦力を投入しなければ不可能であろう。しかし、そうなればNATO諸国とロシアとの全面対決になり、第3次世界大戦に発展し、プーチン大統領の恫喝どおり「核兵器の使用」を招く結果になりかねない。NATO諸国はそんな危険を冒してまで、世界の食糧危機の解決に動くだろうか？

「残念ながら、ロシアの潜水艦を無力化しなければ、黒海は封鎖されたままなのです。戦争が続くかぎり、ウクライナの食糧輸出には陸路と空路しかありません」

5月27日、アメリカ欧州陸軍次期司令官（当時）クリストファー・カボリ大将はウクライナから西ヨーロッパへの穀物輸送をドイツの鉄道を使い支援する計画を明らかにし、同大将は「ベルリン鉄道輸送作戦」と呼んだ。東西冷戦時代の1948〜1949年、ソ連による封鎖下のベルリンに米英が数千機の輸送機で物資を運んだ「ベルリン空輸作戦」にちなんだ名称である。ウクライナの穀物は鉄道でポーランドを経由し、ドイツのバルト海沿岸の港まで運ばれ、そこから海路で各国に輸出されるという。しかし、この方法では輸送費がかかるうえ、輸送できる量も限界があるため、穀物価格は高騰するだろう。

「しかし、それは長期的にはロシアを弱体化させるためのコストと考えるべきかもしれません。黒海艦隊の旗艦『モスクワ』を失ったものの、プーチン大統領は『黒海は俺たちの海だ』と言わんばかりに、依然20隻あまりの水上艦艇が立ちはだかっていますが、黒海封鎖の実際の主力は潜水艦にほかならないのです」

7月下旬にはウクライナとロシアは国連とトルコの仲介で穀物輸出の再開に合意し、8月1月に、その第1便となる貨物船がオデーサを出港した。ウクライナのドミトロ・クレバ外相は、この輸出の再開について「世界にとって救いの日」であると述べた。しかし、ウクライナ南部への戦火拡大の兆しもあるなか、戦況の推移が穀物輸出の妨げになる可能性も高い。この〝船出〟が世界の食糧危機解消の突破口になるのか、依然予断は許さない。

［2022年6月10日配信］

ウクライナが求める多連装ロケットシステム（MLRS）の威力

砲兵が主役の戦闘が続く

長期化の様相を呈すウクライナとロシアの戦いにおいて、ウクライナ軍はアメリカから供与された155ミリ榴弾砲M777や高機動ロケット砲システム「ハイマース」など強力な火力を投入して、東部、南東部を支配下に置いているロシア軍を圧迫し始めている。しかし、ウクライナ軍の善戦も伝えられるものの、ロシア軍占領地域の奪還はなかなか進展しない状況が続いている。

そんななか、ウクライナはアメリカへ多連装ロケットシステム（MLRS）の供与を求めていたが、アメリカはその供与を決め、さらにイギリス、ドイツもMLRSを供与すると発表した。

このMLRSとはどのような兵器で、また、ウクライナにおいてどのような役割を果たすのか、元陸将補の二見龍氏は次のように解説する。

「現在、ロシア軍は東部戦線において旧ソ連時代からの伝統的な戦い方を適用しているように見えます。それは『大量の戦車と大砲で敵を圧倒する』という重戦力指向の戦いです。まず、徹底的な航空機による爆撃と砲撃をしてから戦車部隊を突進させるという方式です。しかし、ウクライナでは両軍ともに航空優勢を獲得できない状態で戦場上空にはドローンが飛び交っています。ロシア軍は得意とする戦いがなかなかできず、戦闘は砲兵が主役の状況になっています。

ロシア軍は自走対空機関砲や携帯式地対空ミサイルでウクライナ軍のドローンを撃墜し、それとともに大量の野砲による攻撃準備射撃、攻撃支援射撃を加え、その後、戦車部隊を前進させ敵陣を制圧するという、第2次世界大戦的な戦闘を展開しようとしています。ロシア砲兵部隊は、長射程のロケット弾をウクライナ軍砲兵の射程外から撃ち込み、瞬間制圧力でウクライナ軍陣地を徹底的に叩きます。さらに後方の兵站部隊も叩き、大きなダメージを与えています。かつて、独ソ戦でドイツ軍が恐れた、ソ連軍の自走式多連装ロケット砲『カチューシャ』の一斉射撃と同じ戦法です。ロシア戦車部隊が前進してくると、ウクライナ軍は対戦車ミサイルで対抗します。すると戦車部隊はいったん後退し、再び砲撃して、また前に出る。その繰り返しです」

多連装ロケットシステム MLRS は目標に応じた異なるタイプのロケット弾を 1 種類の車両から発射できることが特徴。欧米から 10 両以上がウクライナに供与される。（写真：アメリカ陸軍）

ロシア軍の多連装ロケット砲の主力はBM30「スメルチ」などで、BM30は射程距離約90キロメートルで、300ミリロケット弾を40秒間に12発撃つことができる。

「ロシアのBM30の90キロメートルという長射程が、ウクライナ軍の行動を制約しています。ボクシングでリーチが長いボクサーが有利なのと理屈は同じです」

一方、ウクライナ軍にはアメリカ軍が供与した最新の155ミリ榴弾砲M777（最大射程約60キロメートル）が100門ある。

「M777の精密誘導砲弾と射撃用情報ネットワークシステムは供与されていません。したがって、この榴弾砲の性能を最大に発揮した射撃ができるわけではありません」

またM777の最速発射速度は毎分5発だが、それで最大射程で30発ほど連続で撃つと砲身などの整備が必要になるという。最新の野砲が供与されたものの、実際の運用にはさまざまな制約もあり、砲撃戦だけでロシア軍の進撃をくい止められるわけではない。

「おそらく、ウクライナ軍の砲撃は射程距離25キロメートル程度、30秒に1発ずつくらいの持続射撃をしていると思われます。砲兵部隊の編成は、おおむね野砲18門で1個大隊ですから、100門のM777だと5個大隊で戦っていることになります。

砲兵部隊は撃ったら直ちに陣地を移動しないと、敵の反撃を受けてしまいます。ロシア軍から大量のロケット弾が撃ち込まれてくるわけです。ロシア軍の多連装ロケットはウクライナ軍の砲兵の射程外から陣地を固定して撃ち続けられます。3個大隊の多連装ロケットとの火力差はウクライナ軍の6、7倍になるでしょう」

「一線を越える」長距離火力の供与

ウクライナ軍がMLRSの供与を求めるのは、M777だけではロシア軍砲兵に歯が立たないという事情があるのだ。アメリカが開発し、西側の複数の陸軍も装備しているM270MLRSは

ロシアは約100両の多連装ロケットシステムBM30D「スメルチ」を装備。写真はベラルーシ陸軍のもの。（写真：柿谷哲也）

射程距離70キロメートル、12発の誘導ロケット弾を54秒で発射できる。

「つまり、ＭＬＲＳ１基で１５５ミリ榴弾砲の砲兵１個大隊の３分の２に相当する射撃を瞬時に行なうことができ、さらにＭ７７７などのような牽引式ではなく自走式なので、迅速な陣地変換ができます」

アメリカはウクライナへＭＬＲＳを48両供与する予定だが、それは１５５ミリ榴弾砲２８８門に匹敵する火力だ。

「ＭＬＲＳの運用は射撃だけならば、ウクライナ軍砲兵部隊を２週間程度、訓練すれば可能です。ただし、目標標定、通信、再装填、車両整備など全体的な運用には、これを指導する要員が必要です」

それには元米陸軍の砲兵部隊などに在籍したベテランの〝技術指導員〟が充てられるのだろう。

「MLRSが供与されれば、初めは部隊の訓練のために散発的に戦闘が行なわれている地域で運用すると思います。ロシア軍部隊が損耗したり弱体化している戦場で試験的に投入し運用に習熟させます。その後、次第に練度を向上させながら本格的な戦闘に投入していくはずです」

ウクライナはMLRSがあれば、より遠距離からロシア軍を叩くことができ、ウクライナ東部での防衛力を画期的に向上させることができると主張しているが、ロシア国営放送の報道番組は、長距離火力の供与は国境を越えてロシア国内を攻撃する能力を与えるもので、そうなれば「一線を越える」ことになり、ロシアは厳しい対応をとることになると伝えた。MLRSの供与は戦争をさらにエスカレートさせていく危険性もはらんでいる。

［2022年6月13日配信］

ウクライナ軍の新たな「ドローン戦術」

ロシア軍の渡河作戦を一網打尽に

東部戦線のいくつかの戦場で反転攻勢に出たウクライナ軍の大きな武器となっているのが、サイズも戦域も違う各種ドローンと最新テクノロジーを組み合わせた新たな戦術だ。まさに「柔よく剛を制す」である。

ロシア軍の侵攻開始直後、首都キーウ防衛戦で大活躍したのは、アメリカから提供された「ジャベリン」などの携帯式対戦車火器と偵察用ドローンを組み合わせたウクライナ軍のゲリラ的な〝戦車狩り戦法〟だった。

一方、ロシア軍の再編とともに4月中旬から戦闘が激化した東部戦線では、各戦場で両軍による〝陣取り合戦〟が展開されている。ウクライナ軍は同国第2の都市ハルキウを奪還するなど、いくつかの要衝でロシア軍を押し返し、反転攻勢に出ている。この〝第2ラウンド〟でも、ウクライナ軍の奮戦の有力な手段になっているのは新たなドローン戦術だ。

この戦術を理解するには、敵との距離別に見ていくとわかりやすい。まず、ウクライナ軍の現有戦力で最も遠くから敵を攻撃できるのは、対地ミサイルを搭載する航行距離約3千キロメートルのドローン「バイラクタルTB2」（各種ドローンの性能については95ページの表参照）。ただし、TB2は保有数が少ないうえに、敵の対空防御網が機能している地域では使えない。そのため、黒海でロシア軍巡視船を撃沈したり、スネーク島にロシア軍が構築していた爆薬庫を破壊したりと、ここぞというピンポイント作戦で戦果を上げている。

それに次ぐ長距離攻撃手段が、アメリカなどが供与する榴弾砲だ。とくにアメリカが供与した「155ミリ榴弾砲M777」は、最大射程57キロメートルで、GPSを搭載した砲弾を使えば、誤差わずか2メートルという高い命中精度を誇る。

従来の野戦砲の運用では、敵の位置を把握して榴弾砲の射撃チームに伝える仕事は、危険を冒して敵前方に進出して火力誘導を行なう観測チームが担っていた。しかし、ウクライナ軍ではその役割を小型ドローンが担っているのだという。

ドローン兵器の最新事情に詳しいフォトジャーナリストの柿谷哲也氏が解説する。

ウクライナのドローンはロシア戦車の真上から爆弾を投下する戦術を編み出した。(写真：ウクライナ軍SNSより)

「偵察ドローンが観測員の代替となることで、まず兵士の危険がなくなります。また、敵の近くでの滞在時間が長くなるため情報の正確性が増し、たとえば敵の機甲部隊が集結していたり、渡河作戦時のように動きが制約される状況下での攻撃に最も効果がありそうです」

ドローンが捉えた戦場の映像は、宇宙企業スペースXを率いるイーロン・マスクがウクライナに提供している衛星インターネット通信網「スターリンク」の5G回線を通じて味方に送られる。

この戦術の効果がよく発揮されたのが、2022年5月の東部ドンバス地方のドネツ川で渡河作戦を9回試みたロシア軍機甲部隊に対する榴弾砲による砲撃だ。日本でも報じられたこの作戦で、ロシア軍は80両の戦車、装甲車を失い、兵員487名が戦死した。

位置情報を集約、攻撃方法をAIで判断

報道によると、ウクライナ軍は現在、6千機以上のドローンを運用しているという。これだけの数のドローンが自由に運用できるわけを元空将補の杉山政樹氏は次のように分析する。

「2014年にクリミア半島がロシアに併合された後、ウクライナではエンジニアの若者らを中心にドローン専門部隊『エアロロズヴィドカ』が創設されました。通常、ドローンの無線操縦は5キロメートル程度が限界ですが、同隊のドローンはスターリンクを通じて50キロメートル以遠でもコントロールを可能にしています。

なお、こうした低空域を飛ぶ小型ドローンは、通常の対空ミサイルなどでは撃ち落とせませんが、電波によるジャミング（妨害）で使用不能にするという対抗戦術があります。しかし、ウクライナ軍は3月末にロシアの広域多機能電子戦システム『クラスハ4』が搭載された車両を鹵獲している。これがアメリカに送られて徹底的に分析されたことで、ウクライナ軍はロシアの電波妨害の手の内をすべて把握でき、自在にドローンを飛ばしているわけです」

民生用のドローンを多数導入して、攻撃用や偵察用など前線で使用する。（写真：ウクライナ国防省）

一方、ロシア軍の無人偵察機はウクライナ軍により相当な数が撃墜あるいは無力化されたと見られている。そのため、最前線のドローンによる情報戦では、ウクライナ軍は圧倒的に優位に立っていることになる。

また、4月末から5月上旬にかけては、ロシア西部のウクライナ国境付近でロシア軍の燃料貯蔵庫、弾薬庫などの爆発・炎上事件が19件も発生している。ロシア側はヘリコプターによる攻撃の可能性を示唆しているが、じつはこれもドローンによるものではないかとの指摘もある。4月下旬、ウクライナ軍にはアメリカから最新鋭の自爆ドローン「フェニックスゴースト」

が121機供与されたと発表されたばかりだったからだ。

フェニックスゴーストは、まだ外観も性能も公表されていない謎の兵器だが、最大180キロメートル飛行できるとの情報もある。この新兵器が夜間に国境を越えてロシア領内に侵入し、兵站拠点に自爆攻撃を仕掛けたのでは……というわけだ。

元米陸軍大尉で、アフガニスタンで実戦を経験し、のちに情報将校を務めた飯柴智亮氏はこう指摘する。

「一部には実在しないのではないかといった言説もありますが、フェニックスゴーストは実在します。この兵器を世界で最も恐れているのは北朝鮮の金正恩総書記でしょう。何しろ、居場所さえわかればいつでもヒットできるわけですから」

ただし、いくら大量のドローンが飛ばせても、その情報を正確に集約・分析できなければ戦果は望めない。また、遠距離からの攻撃を担う榴弾砲や地対地ロケット弾の保有数には限りがあるため、物量に勝るロシア軍との戦いには、効率的な作戦を追求しなければならない。そのために、ウクライナ軍は最新鋭の情報テクノロジーをフル活用している。

その一つが、前述したドローン部隊エアロロズヴィドカが開発した情報集約システム「デルタ」だ。杉山氏は次のように解説する。

「作戦地域各所から送られてくるドローンがとらえた映像と位置情報を集約し、敵の位置をマッピングするシステムです。戦略ゲームの全体マップのようなものをイメージすればいいと思います」

そして、このデータをウクライナ軍の戦果に直結させているのが、イギリスとウクライナが共同開発した「GISアルタ」というAI作戦立案システムだ。

GISアルタは広域にわたる戦場の敵・味方の位置から、どの敵に味方のどの火力を指向するのが最適なのかをAIで判断する。たとえばA地点のロシア軍機甲師団を撃破するなら、攻撃するのはB地点にいる榴弾砲か、C地点で滞空中のドローンの対戦車ミサイルか、それともD地点の自爆ドローンか、最適な攻撃手段を選んでくれるのだという。

5月19日にイギリスのBBCが放映した東部の激戦地イジュームのウクライナ軍の地下戦闘指揮所の模様は、大型ディスプレイに映し出された戦闘情報を注視する兵士たちの姿を伝えていた。おそらく、各地のウクライナ軍指揮所でこのような情報の集約・共有がなされ、作戦を指揮しているのだろう。

「しかも、GISアルタの判断時間は敵位置の把握からわずか1分といわれ、司令部の指揮官が判断するよりはるかにスピーディーです。米軍は2014年からウクライナ軍にさまざまな訓練や支援を実施していますが、その一つの結果がこの戦術と戦果でしょう」(杉山氏)

爆弾にプロペラをつけた超簡素なドローンも

さて、距離別のドローン戦術を概観すると、バイラクタルＴＢ２や榴弾砲、フェニックスゴーストは遠距離から相手を叩ける有力な兵器だが、ウクライナ軍がロシア軍部隊の前進を阻止する、あるいは占領された街を奪取するような、より近距離の交戦では小型の攻撃ドローンの出番となるであろう。

たとえばウクライナ軍部隊がドローンによる偵察で数キロメートル先にロシア軍機甲部隊を発見したものの、携帯用対戦車ミサイルで撃てる距離まで歩兵が近づけないようなケース。第一の選択肢は米軍から供与されたドローン「スイッチブレード」による自爆攻撃だが、保有数が限られるスイッチブレードを温存したいなら、使用されるのは戦車を破壊できる爆弾を搭載したウクライナ国産のドローン「Ｒ18」か、小型の砲弾を投下できるよう改造されたより安価なドローンだ。

「ドローンは爆薬搭載量が少ないので、大規模な敵機甲部隊を火力で一網打尽にするような作戦はできませんが、敵装甲車両が数台程度の規模なら対応が可能です」（柿谷氏）

スマートフォンに送られてきた戦闘情報で敵車両の撃破を確認した歩兵は、前進を再開する。しばらく進むと、約50メートル前方に隠れていたロシア軍の機関銃陣地から射撃を受けた、というような状況であれば、この距離で歩兵相手なら、モーター駆動のプロペラの機体にカメラとＲＧＤ-

2022年のアブダビにおける武器見本市IDEXにドローンを出展するウクライナ企業。ロシアのドローン企業も出展する場外戦となった。（写真：柿谷哲也）

5手榴弾を搭載した簡素なポケットサイズのドローンの出番である。手元のスマートフォンで操縦し、迂回飛行させて敵陣地の後方から手榴弾を投下する。

この機関銃陣地は潰せたが、今度は敵のドローンらしき飛行物体が上空に現れた。ウクライナ軍歩兵が慌てて近くの民家の地下室に退避すると、ロシア軍の迫撃砲の凄まじい砲撃が開始された。

その砲撃の最中、GISアルタから指示が届いた。砲撃の合間に地上に出ると、〝特攻〟タイプの自爆ドローン「UJ-32 Lastivka」を準備する。モーター駆動のプロペラの機体に携帯対戦車ロケット弾RPG-7の弾頭部分とカメラを搭載しており、行動距離は最大40キロメートル。地上2メートルという超低高度を時速120キロメートル飛行し、動力のモーターは低ノイズのため敵に気づかれず目標まで接近できる。

「恐ろしい兵器が出現したと感じました。攻撃される側からすると、後方にある戦闘指揮所などを狙われるのは大きな脅威です」（飯柴氏）

このように、サイズも飛行距離・高度、攻撃威力も異なる各種のドローンを大量に飛ばしているウクライナ軍。杉山氏も敵の歩兵にとってこれは相当な恐怖だろうと語る。

「地上からドローンを早期に発見することは簡単ではありません。動力のモーター音はかなり静かな環境でなければ地上まで届かず、視認しても初めは『カラスか？』と思ったらドローンだった、ということもあり得る。しかも、ただの偵察なのか、爆弾を投下するのか、それとも突入してくるのかもわからないのです」

ただし、ウクライナ軍の態勢が盤石なわけではない。前述したようにドローンは爆発物の搭載量が少なく、大規模な攻勢をかけるような戦い方はできない。だから、ゼレンスキー大統領は戦闘機や野戦火砲、戦車の供与を繰り返し求めているのである。

「ＮＡＴＯはウクライナの戦争を〝局地戦〟にとどめ、これ以上のエスカレーションを防ぐ意図をもって提供する兵器を選んでいます。戦闘機の供与は現時点では考えにくいでしょう」（杉山氏）

しかも、ロシア軍はここにきて、戦略をさらに変化させ、東部の一部地域にリソースを集中させつつある。しばらくは一進一退の攻防が続きそうだ。

［2022年7月29日配信］

ウクライナ軍無人機に対抗、ロシア軍を支える意外な挑戦者

イランの無人機提供

7月19日、ロシアのプーチン大統領はウクライナ侵攻後、初の外国訪問先として選んだイランに向かい、ハメネイ最高指導者と会談した。報道よると、イランはロシア軍に最大300機の無人機を供与し、7月中にはロシア軍兵士の訓練をイランで開始するという。

開戦当初はロシア軍を撃退し「ゲームチェンジャー」となったウクライナ軍無人機に対して、新たなチャレンジャーが現れた。元空将補の杉山政樹氏はロシアとイランのこの動きついて次のようにみる。

「プーチンがわざわざイランに赴いて首脳外交しているのには、戦略的に大きな意味があります。アメリカに〝虐げられている〟国々、イラン、北朝鮮、中国などすべて〝敵の敵は味方〟であるという戦略です。ウクライナ侵攻においてアメリカやNATO（北大西洋条約機構）は、ウクライナにはロシアの首都、モスクワを攻撃可能な長距離兵器を提供しない。しかし、ロシア軍はウクライナの首都、キーウを含めて、どこでも自由に攻撃することができる。ロシア軍が狙っているのはウクライナの西部と東部で、ロシア空軍の有人爆撃機が行けない所に無人機を使って攻撃する意味合いが非常に強くあると思います」

イランがロシアに提供する無人機のレベルについてフォトジャーナリストの柿谷哲也氏は次のように解説する。

「イランの無人機技術の原点は1970年代に親米政権時代に入手した標的用ドローンです。反米政権になってから、アメリカ製をコピー生産したり自国開発を開始しています。2016年のエアショーでは何種類もの多用途ドローンが展示されていました。細部で粗削りな部分も目につきますが、実用レベルに達している技術もあります。イランはアメリカ軍のRQ‐170ステルスドローンをアフガニスタン上空で乗っ取り、自国に着陸させたデジタル技術の高さもうかがい知れます」

イランも独自でドローンを開発する。写真は1970年代に入手したアメリカのBQM-126をベースに開発したカラールⅢ偵察・攻撃ドローン。(写真：柿谷哲也)

では、無人機に関して、いまや世界一の技術を持つといわれる中国がイランを支援することはあるのだろうか？

「イランにはアメリカはもとより、どの国にもイニシアチブをとられたくないという傾向があり、とくに中国に対しては警戒感を持っています。中国とは武器を共同開発するほど、親密でないと思います」(柿谷氏)

イランはイエメンの反政府組織、フーシ派に大量の無人機と弾道ミサイルを渡している。フーシ派はそれらをサウジアラビアへのテロ攻撃に使用し、無人機を用いて1000キロメートル以上遠方のパイプラインや製油所を攻撃して成功している。

「イランはアメリカの『プレデター』『リー

パー』型を模倣した無人機を大量に作っており、それを実戦で使って、どのくらいの実用性、信頼性があるのか検証したいのです。核兵器を開発しているイランは、アメリカやイスラエルに攻撃される恐れがある。自国製無人機の実戦での実験の場としてはそれらの大国の軍隊ではなく、いわば〝B級国〟のウクライナ軍を相手にするのが非常に都合がよいのです」（杉山氏）

厳しくなるウクライナ軍の防空態勢

「フーシ派のアラビア半島での作戦とは異なり、ウクライナでは離陸地点から目標までの距離が短く、滞空して作戦できる時間が伸ばせるのがロシア軍には都合がよいのです。ロシア軍が無人機を運用している隣国のベラルーシにあるホメリ飛行場を取材したことがありますが、1本の滑走路に数個飛行隊が展開して、20〜30機規模で運用が可能とみられます。だから、このような飛行場からの運用を強化すると思います」（柿谷氏）

ウクライナの戦いでは、どのような無人機作戦が展開されるのだろうか？

「ウクライナの防空の観点から見ると、対応が困難なのは黒海からの巡航ミサイル、ロシア本土からの弾道ミサイル、さらにはロシア西部やベラルーシ南部から、大小さまざまな無人機がさまざまな方向や角度から飛来することです。『どれからどの順番に撃ち落とすべきなのか？』と目標選定が困難なる。ウクライナ軍の限られた防空能力でロシア軍の陽動作戦に引っかかると、防空網をすり抜けられる可能性が高くなる。防空戦闘はウクライナ軍にとって厳しくなるのが目に見えています」（杉山氏）

無人機の攻撃はウクライナ軍の防空態勢の弱体化を招くことになり、攻撃目標もさらに拡大していくだろうと指摘する。

「弾薬や燃料などの集積地、西側から供与された兵器や弾薬の保管施設、そして高機動ロケット砲システム『ハイマース』の発射機とミサイルはとくに破壊したい。さらに軍事顧問団がいるような場所が標的となるでしょう。それから最近は空襲警報が鳴っても市民が避難しなくなった首都、キーウの市民居住地域を夜通し不規則に無人機で爆撃すると思われます」（杉山氏）

イランの無人機提供により、さらに泥沼化の様相を呈していくのだろうか。

［2022年8月3日配信］

親ロシア派支配地に送られる「北朝鮮労働者」の狙い

労働者という名目で北朝鮮の軍人が派遣？

7月19日、NHKは「ロシア政府の高官は、北朝鮮が一方的に国家承認したウクライナ東部の親ロシア派の支配地をめぐり、インフラなどの建設のために親ロシア派が北朝鮮からの労働者を受け入れる可能性について言及した」と報じた。この北朝鮮労働者について、外務省勤務（出向）の経験もある元空将補の杉山政樹氏は疑問を呈する。

「ロシア軍支配下のウクライナ東部地域に送られる北朝鮮労働者は、本当に労働者なのかはわかりません。労働者という名目で北朝鮮の軍人が派遣されるのかもしれません」

最前線での兵力不足に悩むロシア軍は、これまでにチェチェン、シリアなどから傭兵を受け入れた実例がある。ロシアではウクライナへ送る兵力確保ため、兵士の徴募に躍起になっているが、その一つの手段として民間軍事会社「ワグネル」はインターネット上で戦闘員の募集をしている。それによれば、契約期間4か月、給与は1か月30万ルーブル（約54万円）、戦功に応じた報償金は最高80万ルーブル（約144万円）とされている。

「これだけ稼げるなら、国家のため外貨獲得を目的に兵士たちが送られるでしょう。軍隊にとっては実戦経験を積む機会にもなるからです。派遣される兵士のなかには、兵力10万人といわれる北朝鮮の特殊部隊も含まれるのではないかと思われます」

北朝鮮の特殊部隊の実態は不明だが、朝鮮人民軍のパレードなどの映像にもその一部と見られる部隊が登場している。ほかの部隊と異なり暗視装置や武器を装備した「軽歩兵旅団」と呼ばれる彼らは高い練度を有する精鋭部隊と推察され、朝鮮半島有事の際には韓国軍、在韓米軍にとって大きな脅威になるだろうといわれている。北朝鮮の特殊部隊がロシア軍の支援に加われば即戦力となる。

北朝鮮では総計10万人の労働者が国外に派遣され、年間約5億ドルの外貨を稼ぎ、その80パーセントが北朝鮮政府に渡っているとされる。北朝鮮の兵士がワグネルの戦闘員として数か月働くだけで、建設や林業などに従事する一般的な海外出稼ぎ労働者の1年の稼ぎをはるかにしのぐ外貨を得ることができる。

ウクライナ戦場で得られる最新の軍事情報

「北朝鮮労働者」がウクライナのロシア支配地域に派遣されれば、どのような活動に従事するのか。元陸将補の二見龍氏は次のように予想する。

「ロシア軍はウクライナ東部で支配地域拡大のために攻勢に出ようとしましたが、あともう少しのところでウクライナ軍が高機動ロケット砲システム『ハイマース』などで反撃してきたために、作戦は頓挫してしまいました。ロシア軍はいま、支配地域の確保が重要になっており、それらの地域の住民の統制や破壊したインフラなどの復旧が急がれます」

この「復旧」の裏には隠された作戦があるという。

「ロシア軍は東部地域で占領した地域の守備や管理のために兵力を割いています。本来、機甲部隊の戦車や装甲戦闘車両に乗って戦う兵士たちが警備任務にもあたっています。そこで北朝鮮の『労働者』を復旧の名目で受け入れる可能性が出てくるわけです。『労働者』たちは特殊部隊の兵士ではなく、ふだんから農作業や土木作業などに動員されている朝鮮人民軍の一般部隊の兵士で大丈夫です。そして、北朝鮮の『労働者』をウクライナ軍から守るという名目で、この地域の警備を北朝鮮軍兵士が担当します。こうすれば、ロシア軍兵士を再び本来の任務、作戦に使えるため南部での攻勢に兵力を増強できます。南部ではウクライナ軍がロシア軍を撃退しそうな勢いなので、北朝鮮『労働者』という兵力の投入を早く実現したいはずです」(二見氏)

そして、北朝鮮の兵士が投入されれば、その行動は後方地域の警備だけにとどまらないだろうと予想する。

「北朝鮮の警備兵のなかに特殊部隊の兵士を混入させます。特殊部隊は潜入、偵察、襲撃、破壊など戦闘能力だけではなく、高い情報収集能力があります」(二見氏)

北朝鮮軍にとっても、ウクライナの戦場から有益な情報を集めることができるという。

「一般の兵士には無理ですが、特殊部隊は兵・下士官クラスでも情報活動の知識や技術に高いレベルの訓練が施されていますから、警備をしているだけでも、さまざまな情報収集が可能です。ウクライナ軍が外国から供与された対戦車兵器やドローン、野砲、ロケット砲などでロシア軍を攻撃した戦場を直接見ることで、『ロシア軍はこのような運用、行動によって、損害を出している』ということがわかります。また、ロシア軍が装備する武器が、どの程度の性能や威力があるのかが一目瞭然です。したがって、北朝鮮が保有する旧ソ連／ロシア製武器が、実戦で使えるレベルなのかがわかるのです。そこで得た情報と知見は朝鮮半島有事の際、北朝鮮はアメリカ軍の最新兵器からどのように防御すればいいのか、また、自国が保有する兵器でどう効果的に攻撃すればよいのか、作戦や運用に応用されます」(二見氏)

ウクライナの戦場で得られる最新の「戦争テクニック」の情報は外貨獲得以上の価値をもたらす可能性もあるということになる。北朝鮮にとってはウクライナへの「労働者」派遣は、まさに得がたい好機なのかもしれない。

［2022年8月5日配信］

孤立したロシア軍を狙い撃つウクライナ軍の「ハイマース戦略」

射程が長く機動力に優れたハイマース

ウクライナ南部でウクライナ軍とロシア軍の激戦が続いている。現在の戦況を元陸将補の二見龍氏が解説する。

「ウクライナでの戦争で無人機やドローンが戦場の様相を激変させました。いまウクライナで両軍が展開している戦いは、航空戦では最新の対空ミサイル網で戦闘機の行動を不可能にし、地上戦では最強だった戦車や装甲戦闘車を片っ端からドローンと対戦車ミサイルで撃破しています。この結果、両軍は第1次世界大戦と同じ〝砲撃戦〟をやらざるをえなくなった。まずこのことを理解しないとなりません」

その〝砲撃戦〟で、いまウクライナ軍が戦局を有利に進めている理由の一つに、アメリカから供与された、射程80キロメートルの精密誘導ミサイル6発を発射できる高機動ロケット砲システム「ハイマース」の存在がある。

「いまのところハイマースは〝戦略兵器〟になっています。ウクライナ軍の使い方は上手だと思います。このミサイル1発の価格は約2700万円といわれています。6発撃てば約1億6000万円あまりの〝カネ〟が消えますが、その価値がある戦果を上げているといえます。『精密誘導兵器』なのでロシア軍の手が届かない場所から、正確に目標を破壊しています」

ウクライナに供与されたハイマースの移動式発射機の台数はわずか16基。1990年後半、湾岸戦争でイラクのフセイン大統領は、自国の西部から移動式発射機のスカッドミサイルをイスラエルに撃ち込んだ。アラブ連合との協力が崩れようとした時、英米は最精鋭の特殊部隊をイラク西部の砂漠地帯に投入し、〝スカッド潰滅作戦〟を開始、発射機を破壊しまくった。

それと比較すると、ロシア軍の特殊任務部隊「スペッナズ」がウクライナ軍の作戦地域に潜入して、わずか16基だけのハイマースを潰すことはできないのか？

「ハイマースの発射位置はわかっていても、そこにロシア軍は空軍機による爆撃やミサイル攻撃

アメリカ、オーストラリア、カナダが計152門ウクライナに供与した155㎜榴弾砲M777。通常弾で最大射程24㎞。(写真：アメリカ国防省)

ができないのでしょう。ロシア軍は緒戦でウクライナ国内へ多方面から侵攻する外線作戦を行ないましたが失敗。態勢を立て直しているうちにウクライナ軍は、多方向から攻撃に対処しなければならない苦しい内線作戦でしたが、防空ミサイル網と対機甲部隊防御陣地を確立しました。まだ戦争には勝つことはできませんが、負けない態勢を作ったのです。いま、南部でロシア空軍機が行動すれば全機撃墜されてしまうでしょう。その結果、空軍の出番がなかった第1次世界大戦と同じように地上での砲撃戦となり、射程の長く機動力優れたハイマースの有利さが際立っています」

限られた戦力で最大限の効果を狙う

ハイマースによる火力戦闘はどのような効果を上げているのだろうか？

「ウクライナ南部のヘルソンあたりではまず、ロシア軍の弾薬、補給品集積地を徹底的、正確に叩き、また、補給路上の橋に一車線だけ大きな穴をあけて、次々と使用不能にしました」

ヘルソンを占領しているロシア軍は補給路を断たれて孤立している。そこで、いよいよＮＡＴＯ諸国から供与された戦車や装甲車両を装備した機甲部隊を突入させて占領地域を解放、というシナリオも考えられる。

「私が指揮官ならば、それはやりません。敵には補給の手段がなく、動けないわけです。手元にあるだけの多連装ロケット砲や１５５ミリ榴弾砲から砲弾をそこに目がけて昼夜、撃ち込み続ければいいわけです。退路がない敵を無理に攻撃すると不必要な損害が出てしまいます。降伏を待って砲撃を続ければ、ウクライナ軍は自軍の損害を最小限にしながら、敵戦力を撃破することができます」

限られた戦力で最大限の効果を狙う戦い方である。

「したがって、その間にウクライナ南部、ザポリージャ州の南20キロメートルあたりにハイマースを密かに移動させ、射程80キロメートルでザポリージャの中心部であるメリトポリのロシア軍の弾薬、補給品集積地を狙い撃ちにします」

この場合、目標は簡単に発見できるのだろうか。

「ロシア軍は自軍の塹壕や野外に弾薬集積所などを作る際に、パワーショベルやブルドーザーなどの土木機械を使っています。それらの機械の動きはキャタピラ痕で一目瞭然なので、偵察用ドローンによって発見するのは簡単です。陸上自衛隊の訓練では、防御戦闘時はキャタピラ痕やタイヤ痕を消せと厳しく指導します。円匙《えんぴ》（シャベル）とほうきで確実に消していきます」

陸上自衛隊は「痕跡隠滅」を徹底しているが、ロシア軍はそれをやっていないため、ハイマースは正確な狙いを定め、目標を撃破するのだ。

「メリトポリには打撃部隊をすぐに投入するでしょう。最低4～5個旅団は必要です。一気に攻撃してロシア軍を潰滅します。その後は解放した地域の治安を安定させるための兵力を置かなければなりませんが、ここに投入すべき兵力がイギリスで新兵教育を受けた兵士ではないでしょうか」

果たして、ウクライナ軍の反撃作戦はどのように展開していくのだろうか？

［2022年8月16日配信］

ザポリージャ原発奪還作戦

原発という難攻不落の要塞

2022年8月9日、ウクライナ中部の町に対岸のザポリージャ原発から80発のロケット弾が撃ち込まれ、24人が死傷したという。この攻撃がロシア軍の多連装ロケットシステム9K58「スメルチ」だと仮定すると、その射程は70キロメートルとなり、多連装ロケット砲は原発という〝核の盾〟の内側にあることになる。国際法では原発など破壊されると甚大な危険を及ぼす施設への攻撃は禁じられている。万一、原発が破壊されて制御不能に陥れば、メルトダウンによって大量の放射性物質が撒き散らされる大惨事となる可能性が高いためである。

ミサイルやロケット弾を撃ち込むことができない原発に、ロシア軍は多連装ロケットシステムを展開させて、いわば難攻不落の要塞にしてしまった。このロシア軍の動向に関して、元陸将補の

戦争前のザポリージャ原子力発電所（写真：Energoatom）

二見龍氏は次のように見る。

「南部地域とザポリージャ一帯は、今後の戦況を左右する両軍の決戦場になりますが、このようなロシア軍のやり方は非常に狡猾で、絶対にやってはならないことだと言いたい。この事態を収拾するため、ＩＡＥＡ（国際原子力機関）の関与に期待します」

　では現実問題として、原発を要塞代わりにするロシア軍をどのように排除すればよいのか、その手段として二見氏は次のような作戦が考えられるという。

「原発を占拠しているロシア軍の部隊は約５００人、装甲車両が約50両からなる1個ＢＴＧ（大隊戦術群）がいます。しかし、砲兵部隊主体の変則的な編成で、原発内外を警備する歩兵は3個中隊約3

00人。ロシア軍が原発事故を起こす企図をキャッチされた場合は、速やかに特殊部隊を投入して掃討しなければなりませんが、敵が3個歩兵中隊は手強い存在です。まず、この中隊を制圧すべきです」

〝いまもそこにある危機〟

原発奪回作戦を困難にしているのは、原発に通じる道路が警備上の都合で1本しかない点だ。

「その弱点を抑え込んでしまうのです。基本的にはまず、原発の外周の部隊から潰していきます。高機動ロケット砲システム『ハイマース』が4基あれば十分です」

ハイマースで原発外周の弾薬、燃料、補給品の集積地を精密誘導砲撃で破壊するのだ。

「次は原発を河川の中洲のように孤立させます。原発への補給線となっている道路を砲撃し、橋梁はハイマースで破壊する。道路とそこを通行する車両は155ミリ榴弾砲で粉砕します。さらに撃ち漏らした敵の車両は自爆ドローンで破壊。敵兵はスナイパーによって狙撃して無力化していきます」

次は、すでに入念に偵察ずみである〝本丸〟の原発施設内に攻撃を開始する。

「狙う目標は原子炉の周囲に配置された警戒部隊、砲兵部隊本部、射撃指揮所です。多連装ロケットシステムは、原子炉から離れた場所に配置していますから、砲撃は容易です。攻撃開始は深夜0

時。ゼロダークから暗闇のなかで〝オーバーキル（必要以上の攻撃）〟に近いだけのさまざまな火砲や攻撃手段をもって、原発を警備する敵部隊を潰滅させます」

異なる火砲による同時弾着射撃と、特殊部隊も加えた複合的な攻撃を集中させて、一気に制圧する作戦だ。作戦最後の目標は原子炉建屋の制圧である。ここで事故が発生すれば、福島原発事故の二の舞になりかねない。

「特殊部隊が川から潜入して、建屋の中に入って掃討を開始します。スナイパーは銃音を発しないサプレッサーをつけて、敵に動きを悟られないようにします。敵兵が多くいるところでは暗視装置を装着したドローン操縦手が自爆ドローンを突入させる。あとは、建屋の中をＣＱＢ（近接戦闘専門チームによって掃討し、敵兵は何が起こっているかわからないうちに全員、制圧されます」

夜が明けるまでに、原発を占拠していたロシア軍のＢＴＧは一掃される。

「ただし、原発を制圧した後、この周辺にいるロシア軍の部隊が来ると奪還されてしまう可能性がありますす。そのため、原発奪還はヘルソンからザポリージャを攻撃する大きな動きのなかの一つでなければならないのです」

原発奪回作戦が現実のものになるのだろうか。ザポリージャ原発をめぐる〝いまそこにある危機〟は依然続いている。

ロシアが描く「核戦略」の恐るべきシナリオ

［2022年8月30日配信］

プーチン大統領は戦術核を使うか？

「核兵器」と聞くと、射程1万数千キロを飛翔し、敵国の一つの都市を消滅させる大陸間弾道核ミサイル（ICBM）を想起する。核兵器は大きく分けて、ICBMに代表される戦略核兵器と、戦場で使う威力の限定された戦術核兵器がある。

ロシアがウクライナに軍事侵攻してから半年、戦争は長期化する様相を呈するなか、プーチン大統領が核兵器の使用に踏み切るのでは？との憶測も取り沙汰されている。

元海将の伊藤俊幸氏は、これまでにも「ロシアは堂々と『戦術核は使う』と公言している」と指摘していたが、果たしてロシアが本当に核に手を付ける可能性はあるのだろうか？　元米陸軍情報将校の飯柴智亮氏は次のように指摘する。

「アメリカは戦術核を150発しか保有していないのに、ロシアは1800発保有している。その数はロシアが持っている全核弾頭の3分の2です。その運用に関してはロシアに多くの選択肢がありますし、使う可能性はもちろん否定できません。特に現在のウクライナとの戦いのような限定戦争では、戦術核兵器は戦況の決め手となる兵器になります」

では、もし核を使うなら、どのようなケースで使うのだろうか？

「東の超大国、ソ連が消滅して〝弱いロシア〟になってからは、核兵器の目的が、威力のそれほど大きくない戦術核で相手を脅かし、戦争を抑止する手段に変わりました。ロシアが威力の大きい戦略核を使うときは、その戦争に第三国が介入しそうになったときか、もしくは自軍が劣勢に追い込まれたときだと予想されます」（伊藤氏）

現状で想定される第三国とはNATO（北大西洋条約機構）の主要国だ。米海軍系シンクタンクの戦略アドバイザーを務める北村淳氏はこう話す。

「アメリカがNATOに配備されている核兵器によって、ロシアを牽制するような素振りを見せた場合には、戦術核（広島に落とされた原爆の3分の1の威力だが、予測される被害は広島の7割以上といわれている）による威嚇を実施する可能性があります」

戦術核兵器の威力は限定的とはいえ、ウクライナで実際に使用されれば、大きな被害をもたらすのは間違いない。

「アメリカとＮＡＴＯがウクライナでロシア軍を追い込みきれない理由はそこにあります」（伊藤氏）

では、ロシア軍がより劣勢に追い込まれると、どの局面で核兵器使用を考え始めるのだろうか？

「ゼレンスキー大統領は最近、クリミアを取り戻すと言い始めました。ロシアにとって、そこは黒海を経由して地中海に出るための交通の要衝です。クリミアを押さえられるかどうかはロシアにとって死活問題であり、２０１４年のクリミア併合時の軍事作戦の際にも、プーチン大統領は核兵器を用意していました。ですから、ゼレンスキー大統領がクリミア奪還を目的とした作戦をとるなら、ロシアが戦術核を使う可能性が高まるでしょう。ただ、クリミアで核兵器を使うと、放射能による汚染などで自分たちも軍事拠点として使えなくなるので、ウクライナの地方で人口が少ない地域で核を使用する可能性があります」（伊藤氏）

ロシアの〝本気度〟を見せる核爆発演習

この状況を米軍はどう見るのか？　飯柴氏は次のように見る。

「最初の1発は被害の少ない人里離れた原野で、威嚇目的で使用するのではないかと考えられます。威力の小さな戦術核兵器ならばそれが可能です。ロシアがあくまで威嚇として、被害をあまり出さない使い方をすると、NATOも報復するのが難しくなります」

やはりNATO軍は反撃に戦術核を使うのは困難なのだろうか？

「NATO軍は何もできないと思います。ロシア領土に核兵器攻撃を加えると、本当に核戦争になるからです。この戦争はすべてウクライナ領土内での戦いに限定した戦略に基づいて事態が推移していくでしょう」（伊藤氏）

NATO諸国の軍の最高指揮官は、それぞれの国の指導者であり政治家である。戦争の行方は彼らの決断次第といえる。

「西側諸国の政治家で、核使用の責任を負える者はいないのではないでしょうか。バイデン大統領はじめ、その覚悟を持っている指導者はいません」（飯柴氏）

核で対抗できないのが西側諸国の実情だ。それを尻目にじつはプーチン大統領が〝もう一つの核兵器〟を持っているというのだ。

「原発で爆発事故などを誘発させて、放射性物質を拡散させる〝ダーティボム〟として使うかもしれません。こうなるとヨーロッパは他人事でなくなる。ただ、いまロシア軍の占領下にあるザポリージャ原発は、クリミア半島の付け根に位置するため、この地を利用したいロシアは攻撃しない。ウクライナ南部の南ウクライナ原発で何かやる可能性はあるでしょう」（伊藤氏）

原発を〝核爆弾〟として使う、恐ろしい戦略も想定されるというわけだ。

「可能性は極めて低いものの、もし、このような計画を実行するならば、北風が吹く冬でしょう。その時期なら放射能の汚染はロシアには及ばす、南に拡散する可能性が高いからです。もちろん、これはロシアの身勝手な理論です」（飯柴氏）

戦術核兵器の使用に加えて作為的な原発事故、これだけでも十分に恐ろしい話だが、より実現性の高い核兵器の使い方が考えられるという。

「シベリアの無人地帯での核爆発演習が、最も可能性の高い核使用です。このような核爆発演習は、核兵器保有国にとっては深刻な事態であり、極めて強い威嚇となります。なぜなら、これが現実になれば、アメリカとロシアにとっては1992年以降初めての地上での核爆発となり、同時に1963年以降はじめて『大気圏内で爆発させた核兵器』となるからです」（北村氏）

ロシアの〝本気度〟を見せるには、最も効果的な手段になるに違いない。

「おそらくプーチン大統領はこの戦争に勝てないと思っているでしょう。だから、負けない戦争で終わらせようと必死になってその手段を講じているのです」（伊藤氏）

［2022年9月9日配信］

空対地ミサイル「HARM」はウクライナ軍反撃の〝切り札〟となるか？

〝槍の穂先〟「HARM」の威力

フォトジャーナリストの柿谷哲也氏は8月下旬、ロシアと戦闘中のウクライナの隣国、スロバキアのマラツキ空軍基地にて年に1回開催される、「スロバキア・インターナショナルエアフェスト2022」を取材した。NATO（北大西洋条約機構）に加盟する各国からさまざまな戦闘機やヘリコプターなどが集い、NATOの存在感を示していた。そんな最中、柿谷氏はその会場で驚くべき噂を耳にしたという。

「報道では、スロバキア空軍が12機保有するミグ29戦闘機が運用停止になり、防空に関してはNA

TO同盟国のポーランドとチェコが担当する、とのことでした。ただ、エアフェストの会場で聞いた話によれば、9月にアメリカから技術者が訪れ、運用停止中のミグ29にアメリカ製の対レーダーミサイル『HARM』を搭載し、ウクライナ人パイロットが同機に操縦してウクライナに帰るとのことでした」

この話題について、元空将補の杉山政樹氏は次のように話す。

「この空対地ミサイル『HARM(ハーム)』とはAGM88の型式名称で知られ、自機に向けられたレーダー波の周波数を感知することで、そのターゲットがどの程度の脅威かを判断し、地上のレーダー施設を攻撃します。敵の防空網を制圧すべく、このHARMはウクライナによる反撃開始のいわば〝槍の穂先〟となるでしょう。ロシア軍は目をふさがれ、空軍力が使えなくなり、ウクライナ地上軍の進撃を助けます。もし、スロバキアから複座型のミグ29が4機送られ、そこにステルス機が搭載するような最新型のHARMまで搭載可能となれば、ロシア軍に攻勢を仕掛ける陣容が整います。ロシア軍にとっては大きな脅威になるのです」

ただ、それはスロバキアでの単なる噂にすぎず、本当に現実化するのだろうか?

「単なる噂話ではなさそうです。これを裏付ける流れが実際にあるのです。8月上旬にウクライナ空軍が1980年代に製造された旧型Bタイプのミグ29からミサイルを発射した。すると、8月17

HARM を搭載して離陸するスホーイ Su27。（写真：ウクライナ軍関係者の SNS と思われる映像からのキャプチャーとされる写真）

日にアメリカがHARMを供与すると発表し、さらに8月30日にはウクライナ空軍のミグ29からHARMを発射している映像が出た。そして9月1日にはスロバキアから完璧に調整したミグ29が来る、という一連の動きが、それを示しています」（杉山氏）

すでにアメリカが関与する大きな動きになっているとみられる。HARMによる攻撃の精度を高めるために〝データ戦〟も繰り広げられている。

「公開された映像を見ると、市販のPADとGPS受信機でドローンの映像を活用してミサイルを発射していると推測されます。ミサイルと機体をどこまでマッチングさせ、データのやり取りをコンピュータ処理しているかは疑問ですが、確実に運用態勢を整えつつあるはずです。HARM発射時にレーダーの波長と正確な位置を特定し、ミサイルがどこのレーダーに向かっていくのかをGPSデータを使ってミサイル自体に覚え込ませるのがいちばん面倒なプロセスです。ロシア軍がミサイル発射を探知してレーダー波を遮断しても、まだGPSデータは残っているので最後まで位置をつかみ、そこに向かって飛んでいきます。今後、スロバキアでコンピュータによるシステムまで含めて改修していくならば、その精度が上がります」（杉山氏）

ミグ29によるHARMの運用

HARMはロシア軍にとって大きな脅威となるが、問題はスロバキアからウクライナへ無事に持ち込めるかどうかだ。

「国境までNATO軍が護衛して、ウクライナ領空からは自国の戦闘機で護衛して運ぶのではないかと、エアフェストに来場していた人たちは噂していました」（柿谷氏）

さらにその先で、ロシア空軍機に襲われる危険はないのだろうか？

「クリミア半島の最前線の航空基地が使用できなくなったロシア軍は空軍力を発揮できません。したがって、仮にウクライナ西部にロシア空軍のスホーイSu35が来ても、ウクライナには地対空

ミサイルS300があるので、これに撃墜されてしまうでしょう」（杉山氏）

このスロバキアから来た4機の改修済み複座型ミグ29はウクライナ空軍でどのように運用されるのだろうか？

「アメリカから技術者が来れば、複座にこだわることなく、単座型のミグ29でもHARMを発射できると思います。かつて、米海軍が使っていた単座型のA7コルセアⅡ艦上攻撃機には、2発のHARMが搭載されていました。単座型ミグ29からHARMを撃てるようになれば、1機に2発搭載して、計12機24発の発射が可能。これはロシア軍にとってはたいへん大きな脅威になります。ロシア軍には移動式対空レーダーもありますが、48発の対レーダーミサイルを撃ち込まれたらお手上げです」（柿谷氏）

ただ、杉山氏はこのウクライナ空軍のミグ29によるHARMの運用について、一つ懸念を抱いているという。

「ウクライナ軍がロシア軍を追い詰めるのは間違いない。ミグ29にHARMを搭載して、ロシア軍に対して防空網完全制圧能力が整った、と〝脅し〟だけで終われればいい。しかし、HARMミサイルを実際に使うことで、戦争を早期に終わらせるのに寄与することになるのだろうか、ということです」

追い詰められたロシアが戦術核兵器を使う可能性もあるなか、ウクライナ空軍のミグ29とHARMミサイルが、戦局の行方にどのような影響をもたらすのだろうか。

ウクライナ軍のハルキウ反攻はなぜ成功したのか？

［2022年9月26日配信］

「ウォーゲーム」が導きだした反攻作戦

2022年8月29日、ウクライナ当局は「南部の複数の場所で反撃を開始した」と発表した。この時点では、おそらく世界中のほとんどの専門家やメディアが「予想どおり、ウクライナ軍の狙いはヘルソン奪還作戦だろう」と受け取ったはずだ。

ところが、これは周到に準備された〝煙幕〟だった。ウクライナ軍は南部攻勢を継続しつつ、数日後から北東部のハルキウ州でさらに大規模な奇襲に出た。それがはじめて明るみに出たのは9月6日、親ロ派武装集団の幹部による「ハルキウ州バラクレアに対してウクライナ軍が激しい攻撃を開始した」というSNSへの投稿だった。

ウクライナ軍は、8月上旬からクリミア攻撃、同月末からヘルソンへ向けた進撃開始と南部で攻勢の動きを見せていた。実際にはこれが敵を引き付ける〝助攻〟の役割を果たし、ロシア軍が手薄になった北東部で大規模な〝主攻撃〟をハルキウ反攻として決行したかたちだ。ウクライナ軍はハルキウ反攻のための大規模な機甲部隊を分散させて、作戦の企図を隠しながら準備し、一気に反攻に出た。

ゼレンスキー大統領は9月14日、ロシア軍から奪還したばかりのハルキウ州東部の要衝イジュームを電撃訪問した
どうやらこのハルキウ奇襲は、ウクライナが米軍や英軍の協力を得て構築してきた作戦計画だったようだ。元米陸軍大尉の飯柴智亮氏は次のように分析する。

「1991年の湾岸戦争では、米軍は海から上陸作戦を行なうと見せかけて、陸路からイラク軍の側背《そくはい》を攻撃しました。自軍の優位性や弱点を敵軍、マスコミ、一般人に知られないようにする『OPSEC（作戦保全）』は作戦の立案から実施までの基本です」

また報道によれば、ウクライナ軍は当初、南部での反攻を企図していたが、米・英軍との作戦協議の過程で「ウォーゲーム」（いわゆる図上演習）を行なった結果、ハルキウ反攻ならば成功する

という確信を得て計画を変更したという。

この「ウォーゲーム」とはどういうものなのか。飯柴氏が解説する。

「米軍の大隊以上の規模で必ず行なうMDMP（Military Decision Making Process）の7段階のうち4段階目で必ず行なうのが『ウォーゲーム（War Game）』です。戦場となる地域の地図を挟んで、ブルーセル（自軍・友軍）とレッドセル（敵軍）に分かれます。仮に攻撃開始が昼の12時なら、13時までの1時間がブルーセルの一手目。歩兵部隊は時速5キロメートル、機甲部隊は時速60キロメートルなどと移動速度を設定し、部隊を動かしていきます。ただし未舗装道路、河川、湖沼などを通過したり、地雷原や障害物を破壊・処理、迂回したりする場合は、移動距離がマイナス10キロメートルになるといった細かい設定も実際の状況に合わせて決められています。

次の一手はレッドセル、すなわち敵軍でブルーセルの攻勢に対応していきます。そして、図上演習を統裁する「ホワイトセル（審判）」が、それぞれの行動と戦闘状況を『敵の反撃により後退中』『敵の前進を阻止』『敵を撃退』などと、可能な限り現実に即した判定を下します。

このようなシミュレーションを繰り返しながら戦況を予測していくわけです。もちろん現実には、すべてこのゲームどおりに作戦、戦闘が展開するわけではありませんが、設定の精度が高ければ、ある程度、予測はつくものです」

写真は訓練中のT80戦車やBTR80装甲兵員輸送車。（写真：ウクライナ国防省）

こうしてウクライナ軍はハルキウ反攻の準備を秘密裏に進めた。戦車を主力とする機甲部隊は州都ハルキウ周辺から南東へ向けて進み、3、4日で直線距離にして50～60キロメートルも進撃。これは過去の戦史を見ても驚くべき速さで、ほどなくしてドネツク州との州境に近いイジューム付近まで到達した。ウクライナ側の発表によれば、9月13日までの時点で8千平方キロメートル（静岡県全域の面積に相当）もの領土をロシア軍の支配から解放したという。

元陸将補の二見龍氏はこう語る。

「ウクライナ軍は東部、南部、クリミアで揺さぶりをかけ、ロシア軍が兵力をどう分散させるか冷静に見ていました。ロシア軍は南部に一部の主力部隊を移動させ、手薄になったハルキウ州では川沿いに拠点を作って『広正面防御』という態勢にあった。ウクライナ軍の攻勢に対しては、まず砲撃を集中させ、それから予備隊を向かわせる防御戦術ですが、ウクライナ軍は見事にそれを撃ち破りました。

戦時に敵の情報を分析する『総量カウント』という方法があります。敵の兵站の状態、たとえば補給物資がどこにどのくらい供給されているのかなどを、衛星画像や無人機、特殊部隊による偵察情報から推定するわけです。ハルキウ州方面では、ロシア軍は第一防御線を突破されたら、その後ろはスカスカだということがわからないよう、あらゆる場所から毎日砲撃を行なって偽装を試みていたのですが、ウクライナ軍側にはすべてお見通しだったということです」

ウクライナ軍の反攻に耐えられなかったロシア軍の内情

ウクライナ軍の反攻作戦の序盤で勢いを決定づけたのが、ドネツ川の渡河作戦だ。ロシア軍は支配地域を拡大しようとしていた5月、渡河作戦に失敗し大打撃をこうむったが、逆にウクライナ軍はそれを鮮やかに成功させ、進撃の足がかりにした。

二見氏がその作戦内容を解説する。

「ウクライナ軍は渡河にあたり、合わせて四つの軸から機甲師団を同時投入しました。ロシア軍から見ればどれが本当に渡河を行なう『主攻撃軸』なのかわからず、対処しあぐねているうちに、ウクライナ軍は渡河に成功した。こうなると両軍の境界線があいまいになるため、ロシア軍は火砲を使うことができません。

また、渡河作戦の最中は敵の火砲で一網打尽にされるリスクがともないますが、ウクライナ軍はあらかじめ対岸のロシア軍の火力を高機動ロケット砲システム『ハイマース』や155ミリ榴弾砲M777などの砲撃で潰しておいたはずです。こうしてロシア軍の広正面防御はあっさりと崩されました」

さらに、ウクライナ空軍は9月7日の時点で40か所のロシア軍陣地を航空攻撃したとも発表している。進撃する陸上部隊と連携したCAS（近接航空支援）も行なわれていたのだ。

一方、不可解なのがロシア空軍の動きだ。ウクライナ軍の大規模な機甲部隊が集結しているなら、そこに攻撃すれば、少なくともここまで大きな打撃を受けることにはならなかったはずである。

元空将補の杉山政樹氏は次のように見る。

「空軍は『エア・タスク・オーダー』に基づいて動きます。遅くとも24時間前には戦闘機、爆弾、パイロットの規模を決め、現場は命令を受けて準備する。だから、相手の奇襲に対しては基本的に

9K35 ストレラ 10 近距離対空ミサイルシステムは旧ソ連時代に装備。いまでも 150 両を装備する。（写真：ウクライナ国防省）

は対応不可能なのです。また、ロシアは経済制裁で国際的なサプライチェーンから切り離されているので、戦闘機の一部の予備部品が不足しており、飛びたくても飛べないという可能性も考えられます」

いずれにしても、ウクライナ軍の奇襲に対してロシア軍は大混乱を来たした。最精鋭の戦車部隊が大打撃を受けて撤退したほか、多くの部隊は車両や火砲を置いたまま敗走した。さらに、現地の総指揮官である西部軍管区司令官アンドレイ・シチェボイ陸軍中将がウクライナ軍の捕虜になったとの未確認情報も伝えられた。

「現場にいるロシア軍兵の士気と能力が低いので、最前線近くに指揮所を作らざるをえず、そこに奇襲を受けて逃げきれなかったのでしょう。いま、ロシア軍のよりどころは『ウクライナにいるネオナチを駆逐する』というプーチン大統領のプロパガンダしかありません。旧ソ連のように共産主義を守るというイデオロギーもなければ、軍紀を厳しく徹底させる政治将校もいない。しかも当初、想定していた『特別軍事作戦』の短期決着を狙った電撃戦は失敗し、すでに半年以上の長期戦になっている。まともな兵站態勢すら準備していなかったロシア軍の内情はボロボロでしょう」（二見氏）

主導権を握ったウクライナ軍の次の一手

ウクライナ軍は、ロシア軍が作戦拠点とし、ロシア国内からウクライナ東部各地へ兵站をつなぐための要衝であったイジュームまで奪還した。現在はそのさらに東側、ドネツク州北部の鉄道交通の要所であるリマンの奪還を狙う勢いを見せているようだが、このまま一気にロシア軍を追い出すことはできないのだろうか？

「現状ではウクライナ軍には長い国境線を守るだけの兵力はありません。したがって、機甲部隊の行動が制約される秋の雨季までに地理的な要衝であるイジュームとリマンを押さえ、その東側の河川を防衛線とするつもりでしょう。２０２３年1月になると、ウクライナは雪で地表が凍結し、機甲部隊が動けるようになります。力と力のぶつかり合いになるこの冬季戦では、戦線を長く延ばしすぎると守りきれませんから、やはりイジュームとリマンの線で止めておくのがベターだと私は考えます。重要なことは、ウクライナ軍のハルキウ反攻により攻守が逆転したということです。これまではロシア軍の動きにウクライナ軍が対応してきましたが、これからは、ウクライナ軍が主導権を握り、それにロシア軍が対処するという戦いになります」（二見氏）

ウクライナ軍には、冬季以降に向けていくつかの選択肢が生まれている。ハルキウ反攻では〝囮〟として機能した南部のヘルソン奪還作戦も実際には少しずつ進軍しており、次の攻勢ではこちらを本命とする可能性もあるのだ。では、劣勢にあるロシアは今後どう出てくるのか？

ウクライナ軍がリマンに迫りつつある9月21日、プーチン大統領はついに予備役などの「部分的動員」を可能にする大統領令に署名した。これに合わせて、議会では脱走兵への懲罰を強化する法改正が可決された。兵力の不足が深刻ななか、無理やりにでもあたま数をそろえようという構えだ。

「ロシア政府は最大30万人規模の動員になると発表していますが、これがすぐに前線に投入できるわけではありません。保管している戦車の整備や部隊としての訓練の必要性、将校の不足状況などを考えると、3か月後に戦線に投入できるのは1万人に満たない。現在進めている軍管区からの兵力の抽出と合わせて、おそらく最大2万人程度だろうと推定しています。この戦力をどのように使うか考えると、やはりイジュームの再奪還を狙う可能性が最も高いと思います。イジュームを奪取すれば、東部ドンバス地域へウクライナ軍が南北から挟撃することを阻止できるからです。ただ、仮にイジュームを再奪還できたとしても、ロシア軍が主導権を回復できるのは東部地域のみにとどまるでしょう」（二見氏）

一方、前出の飯柴氏は戦場以外の〝反撃〟に注意すべきだと指摘する。

「戦術レベルではロシア軍は苦しい戦いを強いられていますが、忘れてはならないのは、ロシアは国土を1ミリも侵されていないという現実です。国土を蹂躙されているウクライナと比べれば、国家としてのダメージは比較になりません。そして、欧州は早くも冬に向けて寒くなり始めています。燃料代が高騰し、地域によってはシャワーの時間すら制限されています。現地の人々は薪を買い込んで冬に備えていますが、高いガス代を払えず、薪も買えない低所得層は大げさではなく凍死の危機に直面します。つまり、これから〝戦場〟は欧州全体に拡大するということです。秋から冬にかけて、プーチン大統領は自分が有利になるこのフィールドでさまざまな揺さぶりや交渉を仕掛け、〝判定勝ち〟に持ち込もうとするのではないでしょうか」

凍土の大地で機甲部隊の激突も予想される一方、ウクライナでの戦争は欧州全域での〝エネルギー戦争〟にも拡大している。プーチン大統領は今後、どこに勝機を見いだすのだろうか。

［2022年9月27日配信］

ウクライナ軍が仕掛ける「航空総攻撃」シミュレーション

今すぐに可能な航空攻撃作戦とは？

ウクライナ東部では、ウクライナ軍が反撃作戦を敢行し、要衝のハルキウ州イジュームをロシア軍から奪還した。元陸将補の二見龍氏によれば、ウクライナ軍が次にとるべき選択肢として「航空攻撃」があるという。

「あとは空軍戦力です。第4次中東戦争の終盤でイスラエルは圧倒的な航空戦力でアラブ諸国を叩き潰しました。そのような戦闘が今ならば可能です。これからの初冬には道路は泥濘になり、冬季の兵站輸送はすべて鉄道になります。ロシア軍が戦力を輸送する列車、鉄道施設を空から徹底的

約50機を保有しているとみられるMiG29は一部が西側兵器を搭載できるように改造されている。写真はウクライナで製造された高性能型のMiG29MU1とみられる機体。（写真：ウクライナ国防省）

に叩くことができます」

第4次中東戦争終盤、イスラエルの航空兵力は約250機。戦場は異なるものの、果たしてウクライナ空軍にロシア軍を叩きつぶす圧倒的な航空戦力があるのか？　各国の空軍事情に詳しいフォトジャーナリスト柿谷哲也氏に聞いた。

「イギリスの航空専門誌『FLIGHT』などによると、当初、ウクライナ空軍に51機あったミグ29戦闘機の残存は26機、32機あったスホーイSu27戦闘機は残存27機、対地攻撃可能の戦闘爆撃機はスホーイSu24が全機消失、Su25は残存2機で、作戦機は合計55機です」

圧倒的な航空戦力とはいかないもの

の、東欧諸国からの供与もあるという。

「スロバキア空軍で用途廃止になったミグ29戦闘機12機は確実に手に入りそうですが、ポーランド空軍のミグ29が23機、Ｓｕ22が18機は、２０２８年に韓国からＦＡ50を48機購入した後の供与となるので、ウクライナ空軍に引き渡すのはそれ以降になるでしょう。したがって、東欧からの供与による戦爆連合編隊を実現するのは無理です。ウクライナ空軍残存機と、間もなく到着するスロバキアからのミグ29で攻撃するしかないのです」（柿谷氏）

しかし、今すぐに可能な航空攻撃作戦を立案すると仮定するならば、地対空ミサイル網に守られた鉄道拠点1か所の攻撃ならば可能で、そこでは次のような編成が考えられるという。

・先陣部隊……対レーダーミサイル「ハーム」搭載ミグ29×２機
・爆撃隊……ロケット弾および通常爆弾搭載ミグ29またはＳｕ27×２機
・護衛機……Ｓｕ27×４機
・予備爆撃隊……ミグ29またはＳｕ27×２機
・予備爆撃隊の護衛機……ミグ29またはＳｕ27×２機

計12機編成の戦爆隊である。ミグ29とＳｕ27の残存機計53機によって、3個爆撃隊が編成可能だ。元空将補の杉山政樹氏はこう解説する。

Su25は多くが被害を受け保有数は2機とされる。一部の機体はザポリージャ航空機工場で近代化改修されている。(写真：ウクライナ国防省)

「ウクライナ空軍の損耗状況を見ると、対地攻撃機Ｓｕ25は15機失い、残りが2機と熾烈な地上攻撃を受けたことがうかがえます。現在のウクライナ空軍が保有するアメリカ製対レーダーミサイル『ＨＡＲＭ（ハーム）』は、命中する確率が約50パーセント程度の運用能力です。だから、爆撃するストライクパッケージの編成は、対空レーダーを潰すシード能力が整っていないので無理です。無理を押してやるならば無人機ＴＢ2を〝囮〟として飛ばし、ロシア軍が地対空ミサイルで反応すれば、そこを後続のミグ29からＨＡＲＭを撃ち、上空の無人偵察機『スキャンイーグル』で目標を撃破できたかどうか戦果判定し、成功していれば、超低空に残っている2機のSu25で爆撃。それらがやられればミグ29を2機飛ばす。やれないことはないでしょう」

ロシア領になった被占領地を攻撃できるか？

ロシアは9月23日から、占領した東南部各州で住民投票を開始した。これは、親ロシア各州を自国領土に編入する手続きの一環であり、ルハンスク州では9月28日にはその結果が発表される。すると、ロシア軍占領地はすべてロシア領となり、アメリカやNATO（北大西洋条約機構）が決めた暗黙のルール、「ウクライナ軍はロシア領を攻撃しない」に則り、そこを攻撃できなくなる。するると、ウクライナ政府が行動を起こすタイミングも「いましかない」と考える可能性がある。

「米国とNATOは水面下でウクライナを抑えていると思いますが、言うことを聞かないケースも考えられます。その場合、いまの組織的な航空戦闘では逐次投入はせず、一気に攻勢をかけます。ウクライナ空軍は温存していた全機を投入するでしょう」（杉山氏）

つまり、ウクライナ空軍は持てるすべての戦力による「航空総攻撃」ということだ。

なぜここにきてプーチン大統領は、ロシア軍占領地域を自国領土にしようとしているのか。そこをウクライナ軍が攻撃すればNATO軍からの攻撃と見なし、その報復として「首都ロンドンへの

27 機が残存しているとみられる Su27。一部の機体は HARM を搭載できるように改造された。（写真：ウクライナ国防省）

核攻撃はありうる」とプーチンの元側近がイギリスBBCの取材に対し発言、脅しをかけている。

「ウクライナ軍の反撃でロシア空軍は何もできず、ウクライナ空軍が対空レーダーを潰すシード能力を手に入れ、組織戦闘が可能になり、明らかに強くなっているからです。このままでは東部を確保するのも難しい戦況となっているロシア軍は〝ウクライナ軍はロシア領を攻撃してはならない〟というルールを逆利用して政治的反撃を仕掛けてきました。ウクライナ軍はいま、ロシア領になった被占領地を攻撃するか悩んでいることでしょう」

（杉山氏）

［2022年10月7日配信］

パイプライン「ノルドストリーム」破壊で高まるロシア核使用の危機

真相が明かされることは百パーセントない

2022年9月26日、AFP通信の報道によると、バルト海で複数の海底爆発が観測され、その規模はマグニチュード2・3、2・1と推定された。デンマークとスウェーデンの当局は「数百キログラムの爆発物に相当する」と国連安保理に報告している。

さらには、この3日後の9月29日、バルト海の海底に敷設されているロシアとドイツを結ぶ天然ガスパイプライン「ノルドストリーム1」と「ノルドストリーム2」の計4か所で、ガス漏れがあったとスウェーデン沿岸警備隊が発表した。

この事件について、イギリス紙『ザ・タイムス』は何者かによる水中ドローンを使用した破壊活動ではないか、と報じた。ウクライナの最前線では無数の無人機やドローンが戦闘に投入されているが、ついにバルト海の海底に水中ドローンが投入されたもようだ。

元米陸軍情報将校の飯柴智亮氏は「これは事故ではなく、誰かの意図的な行為なのは間違いありません。しかし、真相が明るみになることは百パーセントありません」と語る。

欧米とロシアは双方が「破壊に関与している」と証拠なき非難合戦を繰り返している。

また、この事件発生以前から飯柴氏は次のように指摘していた。

「欧州では早くも冬が近づき寒くなり始めています。本格的な冬になるとともに燃料代は高騰し、大げさではなく凍死の危機に直面します。つまり、これから〝戦場〟は欧州全体に拡大すると予想されます。プーチン大統領は、自身が有利になるこのフィールドでさまざまな揺さぶりや攻勢を仕掛け、〝判定勝ち〟に持ち込もうとするのではないでしょうか」（飯柴氏）

それがこの、ノルドストリームの〝破壊工作〟で始まったのだろうか？

「間違いないでしょう。ハンガリーのオルバン大統領は『欧州はロシアに経済制裁を仕掛ければ、欧州自体が受けるダメージは自らの脚に被弾する程度だと予想していたようだが、実際には胸に被弾して大流血している』と発言しています。東欧だけでなく欧州全体でエネルギー価格が高騰

し、市民の生活、経済を圧迫しています」（飯柴氏）

10月1日、ロシアはイタリアへのガス供給を停止した。プーチン大統領の動きは早い。この先、どう動くのだろうか？

「この事件をアメリカのせいにして、さらに法外な値段で天然ガスを買わせようとするのではないかと思います。もしくは、それを交渉材料にしてウクライナ4州の独立を強引に認めさせようとする。ウクライナは4州を取られたら、オデーサ以外からは海に出られなくなります。数年後、ロシア軍が沿ドニエストル地域からオデーサまでをも吸収併合するならば、ウクライナは完全に〝内陸国〟となり、ロシアに自然吸収されていきます。そして、ウクライナ全土を併合した巨大ロシアが出来上がるわけです。プーチンの最終目標はネオ・ソ連の構築であるというのが、私の認識です」（飯柴氏）

利益を得るのはアメリカとウクライナ

飯柴氏がそのように指摘する一方、国際政治アナリストの菅原出氏は異なる見方を示す。

「EUはいま天然ガスの備蓄を進め、冬が来る前に目標の90パーセントまで達成していて、暖冬ならばなんとかしのげる状況です。当然、ロシアに対して強く出られる。ロシア側から見ると、パイプラインによるガス供給を一時的に止めて欧州に圧力をかけるならわかる。それは相手の出方次第で再びガスを供給できるからこそ、有効なカードなはずです。パイプラインを破壊してしまっては、自ら交渉カードを捨てるようなものなのです。10月1日にノルウェーからデンマーク経由で、ポーランドに天然ガスを運ぶ別のパイプラインが稼働し始めましたが、こちらを壊すならば、まだ理解はできます」

では、誰がノルドストリームを破壊したのか？

「アメリカ・NATO（北大西洋条約機構）とロシアは両陣営とも、なんの証拠も示さずに相手がやったとプロパガンダ戦をしています。面白いことにドイツ誌『デア・シュピーゲル』は、『2022年の夏にドイツの情報機関がアメリカのCIAからノルドストリームが攻撃される可能性について警告を受けていた』と伝えています。それによるとCIAは、『ウクライナが西側のインフラに対する攻撃を計画している』と話すロシア軍の交信を傍受し、『ウクライナがやるはずはないのでロシアが西側インフラを狙っているのでは』と疑ってドイツに警告したというのです。誰にメリットがあるかと考えた場合、利益を得るのはアメリカとウクライナでしょう」（菅原氏）

証拠がないなか、アメリカが行なったと断定はできないが、そのメリットはいちばん大きいようだ。

「万が一、この破壊工作をアメリカ側がやっているのならば、ロシアを追い詰めすぎることになり、状況が悪化するのではないかと思います。核保有国のロシアが、核を使用せずに非核保有国のウクライナに負けるわけにいきませんから」（菅原氏）

すると、ノルドストリームの破壊が、さかんに囁かれ始めた核戦争勃発の可能性を高めるということになるのか？

「そのような可能性につながっていくこともあるのではないかと思っています。アメリカとNATOがロシアを追い詰めすぎているのは現実です」（菅原氏）

いずれにせよ、〝厳冬〟が近づくとともに欧州の情勢も厳しさを増している。

（編集部追記：2023年2月10日、米国の報道記者、シーモア・ハーシュ氏は、ノルドストリーム爆破事件は「米国が欧州のロシア依存を阻止するために行なった秘密作戦である」という暴露記事をブログに掲載した。また同年3月7日に米ニューヨーク・タイムズ紙は「米国当局が検討した新たな情報」を基に、「親ウクライナ派グループが攻撃を行なった可能性が高い」と報じた。それによると米当局は「ウクライナ政府・軍情報当局は今回の攻撃には関与しておらず、誰が実行したのかもわからない」が、「破壊工作員はウクライナ人かロシア人、あるいは両者の組み合わせである可能性が高い」という。米政府がハーシュ説を否定する目的で出してきた可能性もあるが、ロシア犯行説の信憑性は低くなっている）

［2022年10月12日配信］

数日の訓練で受刑者を最前線に送り込むロシア軍の兵力動員事情

"囚人部隊"の最高司令官は終身刑囚

2022年年9月下旬に配信された『デイリー新潮』の記事は、「ロシアの民間軍事会社ワグネルは、兵員不足に悩むロシア軍のために刑務所に収監中の受刑者から志願兵を徴募し、これに応じワグネルと契約を結んだ受刑者約3千人が、わずか10日から2週間ほどの訓練で前線に送られたものの、ほぼ全員が戦死した」というロシアの独立系メディアの報道を紹介している。

かつて、アフガニスタンなどで義勇兵や傭兵の経験がある高部正樹氏はこう語る。

「ボスニア内戦では激戦で約3千人の部隊のうち約900人が戦死した例がありますが、戦死者は約3割です。したがって『ほぼ全員戦死』というのは信じがたい数です。おそらく、この一部は戦場から脱走しウクライナに逃げた者も含まれているのではないかと思われます。」

この〝囚人部隊〟の実態はわからないが、10月4日、プーチン大統領はワグネルの最高司令官に38人を殺害し終身刑で服役中のセルゲイ・ブトリンを任命したという。

「一般的に兵士にとって、敵兵を殺すという精神的な壁は結構大きいのですが、その点、凶悪犯罪によって服役中の受刑者のなかには、その歯止めがかからない者もいます。いわゆるロシアマフィアのような者のなかには何人も殺害した凶悪犯もいると思います」

では、徴募した受刑者の志願兵には、どのような訓練が施されているのだろうか？　クロアチア外人部隊で行なわれていた新兵の訓練について、高部氏はこう語る。

「前線に出る前には、部隊に初めて合流した兵士はどんなにベテランでもチームとして行動するための訓練を最低でも4～7日間やります。しかし、受刑者をいきなり軍隊の兵士として戦場に送り出すのは無理があります。ワグネルは10日から2週間程度の訓練を施したとのことですが、銃を与え、匍匐《ほふく》前進などの基本的な動作などを教えただけで最前線に出したところで、すぐ戦死すると思います」

１９９０年代、高部氏はアフガニスタンで「ムジャヒディン（ジハード戦士）」の義勇兵として

偵察要員を教育するための訓練の様子。（写真：ロシア国防省）

ソ連軍と戦った。この当時、ムジャヒディンに加わって間もない高部氏は、ＡＫ47ライフルを渡され、数十発の試し撃ちをしただけで戦闘に加わった。山岳地帯を数日間歩き、ある斜面を登り切ると、そこが戦場だったという。

「アフガニスタンでは１００人の新兵が来れば、そのまま全員、前線に送り込まれました。そのうち１年後に10人残っていれば、その彼らはベテランになる。事前に２週間訓練をしたというワグネルは、私が経験したアフガニスタンより、まだいいほうなのかもしれません」

訓練不足の兵士を大量に最前線へ

ロシア軍の兵力動員についてはもっと厳しい実情も伝えられている。9月30日の『Ｆｏｒｂｅｓ』の報道によれば、ロシア陸軍は召集した兵士をわずか1～2日の訓練ののち最前線に送り込んでいるという。

「それはアフガニスタンでムジャヒディンがやっていた方法をソ連軍が学び、それをいままたロシア軍がやっているとしか思えません。30万人を召集して1年後に3万人のベテランが生き残る。ただ、いまは当時より兵器の質が上がっているので、戦死する確率は2倍になっていると思います。単純計算では30万人召集して1年後に1万5千人が生き残れば、ロシア陸軍の1個BTG（大隊戦術群）が約600人とすると、25個BTGに相当する兵力です。100万人動員すれば、5万人が生き残って、ベテランの戦闘員からなる83個のBTGができる計算になる」

このやり方は、第二次世界大戦でソ連軍が対ドイツ戦で、自国民約3千万人の犠牲者を出して勝利した戦いと同じだ。

「そうかもしれません。戦場で生き残れるかどうかは運次第です。アフガニスタンでは10パーセントは運よく生き残れましたが、現在のウクライナ戦争では5パーセント程度です。ロシアは怖い国だと思います。これは近代的な軍隊のやり方ではありません。ほとんど役に立たない兵士を大量に最前線に送る意図がわかりません」

生き残れる確率がきわめて低いなか、ウクライナ戦争の最前線に送り込まれたロシア軍兵士たちには絶望的な運命が待ち受けている。

「たとえ、兵站、補給などの後方勤務であっても、ロケット砲などの砲撃にさらされる危険は大きく、ウクライナの戦場は最前線も後方も安全なところはありません。アフガニスタンの最前線では塹壕に隠れ、敵の攻撃ヘリが飛んで来たら、地面にへばりついて動かなければ見つかりませんでした。しかし、ウクライナ軍のドローンは動かずに隠れていても発見されてしまいます」

このような戦場に送り込まれたロシア軍兵士たちの戦意や士気は間違いなく低下していくだろう。

「ウクライナ軍は黒焦げになったロシア軍兵士の遺体の映像などをネット上で公開する一方、ウクライナ軍に投降したロシア軍捕虜は命と安全が保障されるとする映像などを流します。すると、ロシア軍の新兵は戦意を喪失し、とにかく、戦死するよりもウクライナ軍の捕虜になって助かろうとするでしょう」

ロシア軍の兵力動員の実態からは、プーチン大統領がどんなに犠牲者を出しても、この戦争で一歩も引く気はないという姿勢を示している。

クリミア大橋爆破とロシア核兵器使用の「レッドライン」

［2022年10月19日配信］

〝自爆テロ〟と同じ手法で橋を爆破か

クリミア半島とロシア本土をつなぐ要衝であり、唯一の陸路であるクリミア大橋で、2022年10月8日、大爆発が発生、車両用道路の片側車線が崩落し、並行して走る鉄道橋を通過中だった貨物列車の燃料貨車7両でも、火災が発生した。10月12日にロシア政府は「クリミア大橋の全面復旧は2023年7月頃になるだろう」と発表した。

この事件ついて、元空将補の杉山政樹氏は次のように話す。

「ロシアのプーチン大統領の威信を傷つけるのが目的であれば、この仕掛けは大成功でした。ウク

ロシア本土とクリミア半島を結ぶクリミア大橋。（写真：ロシア連邦道路局）

ライナ側の反撃が成功するにつれ、世界各国は慎重な姿勢をとり始めましたが、G7への対応をうまくやった結果、支援継続へと引き戻すことに成功しました」

ウクライナにとって重要な一手となったこのクリミア大橋の爆破。では、その攻撃の手段は何だったのか？　ウクライナ軍の切り札であるハイマース（高機動ロケット砲システム）も155ミリ榴弾砲M777も射程外で、杉山氏も「ウクライナ空軍による爆撃の可能性はないでしょう」と話す。

「もしも、アメリカ空軍がクリミア大橋を攻撃するならば、ピンポイントでの攻撃でなければだめなので、対地攻撃用のJDAMを用い、精密なピンポイントの爆撃を行なうことになるでしょう。クリミア大橋を破壊するには、F-15E『ストライクイーグル』だけで36機、援護する戦闘機などを加えると総勢100

機の大編隊になるでしょう」

このような航空機による攻撃ではないとみられることから、国際政治アナリストの菅原出氏はこう推測する。

「情報機関が金を出して工作し、遠隔でトラックを爆破させたのでしょう。トラックの運転手は全然知らなかったでしょうね。中東ならばどこでもやっている〝自爆テロ〟と同じ手法です」

さらに、元陸将補の二見龍氏はこう分析する。

「通常の破壊工作ならトラックに積む爆薬は数トンで十分ですが、ロシアの報道によると22トンの爆薬を積んでいたといいます。そこには高熱を発するテルミット材が入っていたのは間違いないと思われます。もし、この破壊工作をウクライナが敢行したとすれば、狙いは別にあったと思います。私はウクライナのクリミア大橋攻撃のタイミングは、ドニプロ川右岸（西側地域）をロシア軍から奪還後だと考えていました。それが早まった理由として考えられるのは、ウクライナがクリミア大橋を攻撃することが、ロシア軍が核兵器を使うレッドラインになるのかどうか確認したかった、ということです」

クリミア大橋への攻撃は〝レッドライン〟ではなかった

２０２２年7月18日の『東京新聞』は「ウクライナのアレストビッチ大統領府長官顧問は（中略）クリミア大橋（総延長19キロメートル）について『技術的に可能となれば攻撃対象となる』と発言した。ロシアのメドベージェフ安全保障会議副議長（前大統領）は『実行に移せばウクライナにとって終末の日になる』と警告した」と報じている。すなわち、クリミア大橋を攻撃することが、ロシアの核兵器使用を左右する〝レッドライン〟になる、ということだ。

その推測の答えはすぐに出た。10月10日から11日にかけて、ロシアからウクライナに向けてミサイルが計１０３発撃ち込まれたが、それらはすべて「通常弾頭」だった。

「クリミア大橋への攻撃は〝レッドライン〟ではなかったのです。核兵器の使用までには、まだ何段階か過程があります」（二見氏）

この状況を鑑みれば、ウクライナの首脳部は大きな〝賭け〟に出たのだ。

「これでウクライナ軍はドニプロ川西側地域の包囲網を狭めていき、ヘルソン州の首都を奪還します。市街地に入ると投降者がたくさん出ることが予想されるので、その受け入れだけで相当な時間がかかります。投降しないロシア軍兵士は、徹底的に打撃（砲撃）で潰していくでしょう」（二見氏）

その時、ウクライナ軍はドニプロ川を越えるのだろうか？

越えることはないと考えます。次はザポリージャ地域南部を狙うでしょう。ロシア軍はクリミア大橋を爆破されても核兵器を使いませんでした。つまり、ザポリージャ原発を破壊することはないので、ザポリージャ地域南部に突入します。そのまま南の海岸線まで進み、ロシア軍が使っているクリミア半島の陸路、補給路を遮断します。そして、東西に分断したドニプロ東側地域とザポリージャ地域南部を砲撃などで徹底的に叩いたのち、クリミア大橋を制圧します。その後、クリミア半島にいる孤立し補給が制限される数万人のロシア軍を掃討していきます。ただ問題は、クリミア大橋を落とせるかです。航空攻撃は難しいため、ウクライナ軍の射程内に捉える必要があるからです」(二見氏)

再び、クリミア大橋の攻撃を成功させた組織が、もう一度、攻撃を試みるのか？　一方、ロシア軍の大反撃はあるのだろうか？

「ロシア軍が百万人を動員できれば、まずそのうちの50万人をベラルーシに集結させ、ウクライナの首都、キーウに10万人ずつ送り込み、最初の10万がやられたら次の10万と、戦力を落とさずに攻撃の衝撃力を与え続けます。これを計5回継続できればキーウ陥落まで持ち込める可能性があるでしょう。そして夏を待ち、態勢を整えたうえで南部地域に対して攻撃していく選択肢がありま す。ただし、それができるのは最短でも2024年1月になりそうです。現状では、ロシア軍がウクライナ軍に勝てる方法は少なくなってきていると思います。一度、休戦に持ち込み、その間に態勢を立て直してから、戦いを再開するというやり方はあるかもしれません」（二見氏）

ウクライナ軍はクリミア大橋を完全に破壊できなかったが、アメリカが高機動ロケット砲システム「ハイマース」で発射可能な射程300キロメートルの地対地戦術ミサイル・ATACMS（Army Tactical Missile System）を供与すれば、橋の完全破壊は容易だ。

「そして、そこには爆撃誘導する米空軍特殊部隊CCT（U.S Air Force Combat Control Team：戦闘管制部隊）が必要です。爆薬を積んだトラックを使えば、あれだけの破壊を一瞬で可能ですが、航空攻撃ではあれだけの破壊は無理です。クリミア大橋を空から破壊するのは難しいのです」（二見氏）

しかし、そのときこそロシアは〝レッドライン〟を越えたと判断し、核兵器を使う可能性が高まることは間違いない。

（編集部追記：クリミア大橋で起きた2022年10月8日と2023年7月17日の爆発について、ウクライナの情報機関「保安局」（SBU）のワシリー・マリウク長官は自身が作戦に関与したことを認めた。2023年8月19日、ウクライナメディア「ニュー・ボイス」の取材に対し、マリウク長官は「ウクライナの機関だけで計画し、外国の協力は得ていない。2023年7月の作戦は海軍と共同で行ない、レーダーに捕捉されにくい素材でできた無人艇を使用した」と語った）

［2022年11月25日配信］

USV（自爆型無人水上艇）がもたらす“海戦パラダイムシフト”

ウクライナ自爆型無人水上艇の戦果

2022年10月29日、ロシア国防省は「クリミア半島の軍港、セバストポリでロシア海軍黒海艦隊などの艦艇数隻がウクライナ軍の無人機による攻撃を受けた」と発表した。

報道によれば、ウクライナ軍は空から9機のUAV（無人航空機）、海上から7隻の自爆型USV（無人水上艇）による奇襲攻撃を受けたとされ、ロシア国防省は公式に発表していないが、黒海艦隊旗艦のフリゲート艦「アドミラル・マカロフ」（3620トン、全長124・8メートル、乗員約180人）が損傷したとも伝えられている。ウクライナ軍は、その攻撃の模様とする動画を公

海岸に打ち上げられたウクライナのUSV。先端に信管のようなものが見え、中央には前方に向けたカメラのようなものが見える。（写真：ロシアのSNSより）

表している。

元海将の伊藤俊幸氏（現・金沢工業大学虎の門大学院教授）はこの無人機による攻撃について次のように解説する。

「ロシア軍が鹵獲したウクライナ軍のUSVとされる写真を見ると、このUSVは魚雷より大きく、1トン前後、あるいはもっと多くの爆薬を積載できそうです。このようなUSVで攻撃された艦艇は船体に大穴があき撃沈される可能性もあり、それをまぬがれても大損傷を負うことになるでしょう」

自爆型無人水上艇は水上を突進してくるため、潜水艦や魚雷のように水中からの攻撃よりもレーダーや目視で発見しやすいが、USVによる攻撃からの防御は決して容易ではないという。

「USVの誘導装置のセンサーであるカメラは、潜航中の潜水艦が水上を観察するために水面に出す潜望鏡よりも高い1・5メートルの位置にあります。そのカメラが捉える水平線上の目標艦艇までの距離は約18キロメートル、潜水艦の魚雷ならば確実に命中する距離です。USVの航行速度を仮に30ノット（時速約56キロメートル）とすれば、19分ほどで目標に到達します」（伊藤氏）

水上艦艇のUSVに対する防御方法は、まず艦載砲（76～127ミリ速射砲）で射撃することになる。現在の艦載砲は発射速度が大きく、射撃指揮装置と連動した全自動遠隔照準により高い命中精度を有しているが、波浪など海上の状態によっては高速で向かってくる小さなUSVを撃破できる保証はない。艦載砲のほかには艦載の哨戒ヘリコプターによる警戒に続き、USVの発見時には上空からの機関銃射撃で阻止する方法も考えられるが、これも難しいという。

「そもそも水上艦艇搭載の速射砲や対艦ミサイル、あるいは短魚雷は、こんな小さな標的を狙い撃つのは向いていません。また艦載ヘリの乗員は機銃掃射に慣れていないので、ヘリによる撃破も期待できないでしょう。艦艇が機銃を搭載していれば、それが最終防御手段になるでしょう」（伊藤氏）

フリゲート艦「アドミラル・マカロフ」には、30ミリ機関砲（6砲身）のCIWS（近接防御火器システム）が2基搭載されている。

ウクライナが発表したUSVのカメラがとらえた映像。（写真：ウクライナ国防省SNSより）

「ＣＩＷＳは飛来するミサイルを撃破するための対空防御用火器ですから、水上の目標を射撃しようとすれば、砲を水面に向ける角度が制限されます」（伊藤氏）

「アドミラル・マカロフ」がＵＳＶによる攻撃を受けたのであれば、そのときの状況やどのように対応したのかはわからない。

「行動中の水上艦艇なら、船体の横っ腹を見せるのは危険なので、向かってくるＵＳＶに対する船首角度を小さくし、ＵＳＶが舷側をすり抜けるように操艦技術でかわすしかないでしょう」（伊藤氏）

セバストポリでのウクライナ軍の奇襲は、海上からはモーターボートのように小回りが利くＵＳＶに加え、上空からは特攻機のようにＵＡＶが襲いかかってきた状況だったのかもしれない。

「そうだとすれば、ロシア艦艇は相当なパニックになっただろうと想像できます。公表された画像には黒煙が二つ上がっているものがありますが、これがロシア艦艇からのものならば、おそらく中破以上の損傷をこうむったでしょう。2000年にイエメンでアメリカの駆逐艦『コール』が、アルカイーダのテロリストにより小型船で自爆攻撃され、50人あまりの乗組員が死傷し、船体には大損傷を負いました。セバストポリでウクライナ軍が放った7隻のUSVのうち2隻が命中したとすれば、1隻何百億円の軍艦に対する攻撃としては、かなり費用対効果が高い作戦といえます」（伊藤氏）

USVやUAVがもたらす将来の戦い方

ウクライナ戦争では陸上戦闘でもドローンや無人機による戦いが注目されているが、このセバストポリでのウクライナ軍の海上戦闘における〝無人機奇襲〟は、戦争にまた一つ新たな様相を出現させたといえるだろう。それは日本有事を考えるうえでも示唆を与えている。たとえば、敵国軍が東京湾の沖合からUSVやUAVを発進させ、在日米海軍基地に同様の奇襲攻撃を仕掛けてくることも想定し、その対処を考えておく必要もある。

「停泊中の艦艇は海からの攻撃に対しては、米海軍は潜水艇や小型船の侵入を阻止する防潜網や

対テロ障害物などを設置して防御しています」（伊藤氏）

このようなUSVやUAVへの直接的な対処はもちろんのこと、USVやUAVがもたらす将来の戦い方について注目する必要があると、伊藤氏は指摘する。

「かつて二十数年前、私がアメリカで防衛駐在官として勤務当時、アメリカ海軍大学校校長だったアーサー・セブロウスキー中将が『ネットワーク中心の戦い（NCW）』という軍事コンセプトを提言しました。それによれば、今後は巨大空母など必要なくなり、小型艦艇同士がネットワークを組み、個々の判断で戦う。これからの海戦はいわゆる『非対称の戦いになる』と予測していたことを思い出します。しかし、『空母はいらない』と言ったセブロウスキーの主張は当時の提督たちに全面否定されました。でも、それが2022年のウクライナ戦争で現実化したのです。

いまウクライナで行なわれているさまざまな無人機による攻撃はいわば〝戦争のパラダイムシフト〟です。一方、わが国では防衛省も今後の防衛力整備の重要施策の一つとして『無人アセット防衛能力の強化』を掲げています。令和5年度概算要求では『抜本的に強化された防衛力』の整備が柱となっており、反撃能力としての『長距離ミサイル調達（スタンド・オフ防衛能力）』に加え、無人機の早期取得が挙がっています。ウクライナでの戦争の様相を見れば、ドローンや無人機（艇）の可能性や必要性も検討しなければならないのは当然のことでしょう」

［2023年1月5日配信］

ロシア軍のキーウ再侵攻と、ウクライナ軍の「次の大反攻」のシナリオ

〝キーウ一点突破〟ならチャンスはある

ウクライナ軍は2022年9月のハルキウ大反攻に続き、11月には南部の要衝ヘルソン市を奪還した。しかし、その後、冬季を迎え、地面が泥濘化して戦闘車両の動きが制限される時期に入ったこともあり、戦線は膠着状態にある。次に大きな動きがあるのは、厳冬期になり地面が凍結してからだといわれている。

そんななか、ウクライナ側からはロシア軍の首都キーウへの再侵攻を警戒する声が次々と発信されている。

「ロシアは約20万人の新部隊を用意している。2、3月の可能性が高いが、1月末もあり得る」（ウクライナ軍のザルジニー総司令官、イギリス誌『エコノミスト』のインタビュー）
「ロシア軍は動員した兵力15万人の訓練が2月にも完了する。新たな攻撃を始めようとしている」（レズニコフ国防大臣、イギリス紙『ガーディアン』のインタビュー）
プーチン政権は動員完了の手続きをとっておらず、対象を広げる法改正も行なっている。その気になれば、冬の間に最大50万人規模の新たな兵力が出現するとの見方もある。問題はその使い方だが、なぜ2022年2～3月に失敗したキーウ侵攻に再び挑む可能性が高いのか？　元陸将補の二見龍氏が次のように解説する。
「ロシア軍はヘルソンから撤退し、クリミア半島が危険にさらされている。しかも、時間が経てば経つほどウクライナ軍の訓練と西側からの兵器供給は進む。早めに手を打たないと、戦争の主導権をずっとウクライナに握られたままということになってしまいます。それに、敵国の首都を陥落させるのは戦争の常道で、かつてアメリカ軍もアフガニスタンやイラクで、首都を目指して進撃しました。首都を落とせば、国家対国家の戦争においては相手を屈服させることができるからです」
現状では軍事力で全土を掌握できる見込みはないが、〝キーウ一点突破〟ならチャンスはある、ということだ。その首都再侵攻の成り行きを予測するヒントになるのが、東部の激戦地、バフムトでのロシア軍の戦い方だという。

「ロシア軍は、部隊の機動や火力の調整、統制をともなう作戦に従事できるレベルにはない動員兵を、敵味方が複雑に動き合う機動戦には使えないと考え、消耗戦のための突撃要員として使っています。バフムトでは数日間訓練しただけの動員兵を前線に突撃させ、1日で500人が倒されても同じことを何か月も続けています。これと同様の戦術をキーウでも行なう可能性があると私は見ています。3万〜5万人の兵力単位をもって、ウクライナ軍に対する攻勢に出る。それでどこかの最前線が崩れたら、そこにまた別の3万〜5万人を投入することによって突破口を広げていくわけです」(二見氏)

当然、ウクライナ軍は首都の防衛線を固め、突撃に対してはハイマースや榴弾砲で徹底的に阻止する。それでも突入してきた部隊には、無人機から迫撃砲弾や手投げ弾を投下し殲滅しようとするはずだ。しかし、ロシア軍内には勝手に後退しようとする兵士を射殺する「督戦隊《とくせんたい》」がいるため、動員兵は逃げ帰ることもできない。

「春に再び地面がぬかるむこと、兵站がそう長くはもたないことなどを考えると、ロシア軍は1か月で首都キーウを落とす必要があります。もちろん最大50万人の突撃部隊が全滅する可能性は大いにありますが、ロシア軍としては動員兵が損耗しても、また動員すればいいと考えるのではないかと思います」

アゾフ海沿岸まで進出してロシア軍の補給線を断つ

その一方でウクライナ軍はこれからどう動くのか。二見氏は次のように見る。

「これまでの例を見る限り、ウクライナ軍は大きな損害が出る作戦は選択しません。先のことを考えても、大きなリスクはとらないほうがいいと考えるでしょう」

するると、いくつか指摘されている作戦案のうち最も有力なのは、渡河作戦を避けてザポリージャ方面から南へ進撃するシナリオだろう。ドニプロ川沿いに南進してアゾフ海沿岸まで打突《だとつ》し、ロシア領内とヘルソンやクリミア半島を陸路で結ぶ海岸沿いの補給線を断つのが狙いだ。

この作戦のカギとなるのは、アメリカが新たにウクライナへの供与を検討している、射程150キロメートルの高機動ロケット砲システム「ハイマース」の新砲弾「GLSDB」である。なぜなら、ザポリージャから南進した先にあるアゾフ海沿岸の地点からクリミア大橋までの距離が、ちょうど150キロメートルほどでぎりぎり射程圏内に入るからだ（従来の「ハイマース」の砲弾は射程80キロメートルだった）。

「ハイマースの砲撃は極めて精密です。もし私が作戦を立案するなら、まずクリミア大橋の鉄道橋だけを落として補給を断ちます。次に東のマリウポリ、西のヘルソン州東部をハイマースや155ミリ榴弾砲M777で叩き、続いてクリミア半島の付け根辺りを徹底的に制圧する。すると、ロシア軍は砲撃を避けてクリミア大橋へと向かい、車道を通ってロシア領内へ逃げようとする。ここを狙ってハイマースで叩き、一網打尽にするわけです」（二見氏）

これで南部のロシア軍戦力に大打撃を与えれば、ヘルソン州の全面奪還、そしてクリミア奪回も見えてくる。

「この砲撃戦術は、首都キーウ防衛でも使えます。ロシア軍が練度の低い動員兵を大量投入してくる際は、間違いなく前線の突撃部隊の後ろに大部隊を集結させていますから、そこを遠距離から順番に叩いていけばいいのです」（二見氏）

この戦争は、プーチン大統領が「勝った」と満足するか、自らの保身のために「これ以上続けられない」と判断するまで終わらない可能性が高い。前者はウクライナにはとても受け入れられないと考えると、やはりロシア軍を撃破しながら、長い時間をかけてウクライナ領土から追い出していくしかない。

［2023年1月6日配信］

中国の働きかけでミグ29戦闘機の供与が中止された

米中国軍同士の秘密合意とは？

2022年11月26日、世界を驚愕させるようなニュースが発信された。報じたのはイギリス誌『スペクテーター』で、かつて『ニューズウィーク』誌のモスクワ支局長を務めた元記者が寄稿したその記事によれば、アメリカがポーランドのミグ29戦闘機30機をウクライナに供与すれば最新のF‐16戦闘機を与えるという取り決めが突如、撤回され、その裏には米中の秘密合意があったという。

2022年3月、このポーランドのミグ29供与の件が伝えられたとき、元空将補の杉山政樹氏は

「世界は全面核戦争の危機に瀕し続けることとなる。だから、このプランは中止したほうがいいと思います」と指摘していた。そして、実際にプランは寸前になって中止された。この裏には中国のある働きかけがあったという。

この中国の動きとは、アメリカがポーランドのミグ29戦闘機のウクライナへの提供をやめるならば、中国人民解放軍はロシア軍とコンタクトをとり、「核使用をやめさせる」働きかけの用意がある、との提案がアメリカにあったというのだ。

杉山氏は、このような中国の働きかけは十分あり得ると言う。

「中国はウクライナ戦争に関しては当時、中立の立場で冷静に米ロの動向を見て、〝行司〟役に立っていたと思います。そこでまず米中の大国同士の話のなかで、『核戦争になるので戦闘機の供与はやめたほうがいい。その代わり、ロシア軍がウクライナで核兵器を使わないよう働きかけることはできる』と助言したのでしょう。国軍同士の間では冷静にクールな話はできます。だから、中国が絡んでいると思います。バイデン大統領の周辺もミグ29の供与を止められなくなっていたときに、やっと中国が出てきて止められた、というレベルの話です」(杉山氏)

ただ、ミグ29戦闘機30機にそんなに威力があるのだろうか?

「ウクライナ空軍が30機のミグ29を手に入れれば、戦略兵器になり得る航空戦力の増強であり、これをロシア軍から見ると、自国領内を攻撃されるおそれもある脅威となります。次にミグ29はロシア空軍の戦略爆撃機を撃墜可能で、その爆撃機から撃った核兵器搭載巡航ミサイルならば撃ち落せる。それは、核大国を自称しているロシアの戦術核が封じられることを意味します。そのカードがなくなるとロシアは完全に追い詰められたかたちになり、核兵器を使う可能性が高まる。したがって、ミグ29をウクライナに与えると、核戦争のエスカレーションラダーを上がっていくことになるのです」（杉山氏）

「窮鼠《きゅうそ》、猫を噛む」という状況になり、ロシアが核兵器をウクライナで使えば、戦争は第三次世界大戦に拡大していくはずだ。

「このポーランドによるミグ29供与の件では、やはり中国の動きは正しかったと思います。結果的に核戦争に発展するであろう第三次世界大戦をあの時点で防いだことになります」（杉山氏）

そして、現在までウクライナでの戦いはウクライナ国内だけの局地戦争に限定されることが、中国の仲介により米ロ間で暗黙の了解となり、戦争は続いている。

ロシア領内への攻撃始まる

そんな状況のなか、２０２２年12月5日、ロシア国内の2か所の空軍基地が無人機の攻撃を受

ロシア国内の基地に駐機中のTu-95爆撃機に命中させたのは本来偵察用のTu-141もしくはTu-143をミサイルに改造したもの。写真はTu-143。(写真：ウクライナ国防省)

け、ロシア空軍の戦略爆撃機、ツポレフTu-95が2機損傷した。ロシア軍の内規によれば、戦略爆撃機が攻撃を受けた場合、核兵器で反撃してよいことになっている。

このときの攻撃に使われたのが、旧ソ連が開発した偵察用無人機ツポレフTu-141で、これをウクライナ軍が改造、爆薬を搭載して1000キロメートル離れたロシア領内の目標に飛ばし自爆させたのだ。

「自立航法装置（INS）を付けた状態で、1970年代の機体を精密誘導するのは無理なので、最終的な誘導は目標のロシア空軍基地近くにいたウクライナ軍の特殊部隊がしたと思います。アメリカはこの攻撃にはノータッチだと強調していました」（杉山氏）

このロシア領内への攻撃を受けて、いよいよロシアは核戦争の梯子を昇り始めるのだろうか？

「それはないと思います。現在、ロシア軍はウクライナ国内の発電施設などを無人機と巡航ミサイルで徹底的に叩いています。その攻撃に核兵器は必要ありません。いま、ウクライナとロシアは報復攻撃をやりあっている状況なのです」（杉山氏）

2022年12月21日にアメリカを電撃訪問したウクライナのゼレンスキー大統領は、バイデン大統領から地対空ミサイル「パトリオット」の供与を約束された。

「供与されるパトリオットは1基だけです。たくさん与えるとロシアの核ミサイルを無力化することになるので、再び第三次世界大戦の危機が高まるからです。これで3月のミグ29供与の件ではよかったのですが、これまで中国は〝ゼロコロナ政策〟から一転して対策を緩和した反動で、国内では再びコロナ感染が拡大しています。中国政府は国内をあまりにもコロナ対策のため締め付けすぎて、14億人の人民が食えなくなり始めている。中国はかなり厳しい状況下にあります。これから中国は内政問題に追われ、米ロ間を取り持っている場合ではなくなる。現在は、2022年3月に核戦争を防いだ〝落しどころ〟が期待できなくなっている状況なのです」（杉山氏）

世界は再び、全面核戦争の第三次世界大戦に発展しかねない危機のなかにある。

米独仏が供与する「歩兵戦闘車」とウクライナ軍の領土奪回作戦

［2023年1月13日配信］

反転攻勢に不可欠な機甲部隊

2023年1月4日、フランスがウクライナ軍に軽戦車AMX-10RCを供与すると表明した。これはAMX-10P歩兵戦闘車に105ミリ戦車砲を搭載し〝軽戦車〟として運用できる戦闘車両だ。同じくドイツも1月5日に「マルダー」歩兵戦闘車40両をウクライナ軍へ供与すると表明している。

加えて1月6日、アメリカ政府はウクライナ軍に対して、M2「ブラッドレー」歩兵戦闘車50両、さらにM113装甲兵員輸送車を100両供与すると発表した。これで米独仏が協調して戦闘車両の供与でウクライナを支援するというかたちになった。これについて、元米陸軍大尉の飯柴智亮

米仏演習中のAMX-10RC装輪装甲車。105㎜砲を備え、最高85㎞/hで走行できる。フランスなど4か国が使用する。（写真：アメリカ国防省）

氏は次のように解説する。

「歩兵戦闘車が戦車と違う点は、車体後部に完全武装の歩兵数人が乗車できることです。ブラッドレー、マルダーは6人収容できます。装甲は旧ソ連製の重機関銃の標準的な口径である14・5ミリ徹甲弾に耐えられるようにできています。このような車両を装備した歩兵は〝機械科歩兵〟と呼ばれ、私も米陸軍勤務当時、ジョージア州のフォートベニング駐屯地で機械科歩兵としての基礎訓練を受けましたが、歩兵部隊の中では近接戦闘能力における火力が大きく、戦車部隊とともに行動する諸兵科連合の火力戦闘部隊の一つとして、侵攻作戦で大きな戦力となります」

米独仏の戦闘車両の供与によって、ウクライナ軍の地上戦における機動力と火力は大きく増強されることになる。すると、ウクライナ軍はより積極的な反攻作戦に出ることになるのであろうか。供与される各国の歩兵戦闘車の実力とはどのようなものなのだろうか？

「アメリカが供与するM2ブラッドレー歩兵戦闘車は、アメリカ軍では2022年から最新型A4の配備が開始され、ウクライナ軍に供与されるのは旧型のA1もしくはA2です。しかし、搭載されている25ミリ機関砲ブッシュマスターは、敵の戦車に対しても履帯やセンサーを破壊すればダメージを与えることができます。掩蔽されていない歩兵や非装甲の車両はひとたまりもありません。対戦車ミサイルも装備しており、対機甲戦闘も可能な柔軟に運用できる車両です。

私はドイツ軍との合同訓練でマルダーにも乗ったことがあります。ラインメタル社製の20ミリ機関砲は、M2ブラッドレーでは900発搭載できますが、マルダーの搭載弾数は1250発と多いのが特長の一つです。フランスのAMX‐10RCについては、性能や能力的に評価するのは難しいと考えます。米陸軍のストライカー師団で勤務当時、105ミリ砲を搭載したMGSストライカー（AMX‐10RCと同等のモデル）の開発、実用試験に関わりましたが、実用化には至りませんでした。理由は車体と搭載砲などのバランスが悪く、使えないと判断されたからです。

この例からも私は105ミリ砲を歩兵戦闘車に搭載するのは反対です。フランス製の兵器は、その設計や運用構想が理解しがたいものが多いというのが、率直な評価です」（飯柴氏）

バクダッド市内を走行するM2歩兵戦闘車。25㎜機関砲を搭載し、TOW対戦車ミサイルも搭載できる。（写真：柿谷哲也）

歩兵戦闘車に限らず、兵器にはそれぞれ開発国の設計思想や運用構想に基づく特性があり、それを〝適材適所〟に使うのが現代戦なのである。では、なぜ米独仏はこの時期に、歩兵戦闘車をウクライナに供与するのだろうか？

「膠着した戦況を打開するためには徒歩移動の歩兵では限界があり、装甲車両による機動が必要との結論に至ったと推測します。大規模に反転攻勢には機甲部隊が必要不可欠です。したがって、ウクライナ軍が大規模な領土奪回作戦を計画している可能性は大いにあります」（飯柴氏）

領土奪回作戦はいつ始まるのか？

２０２３年初頭、ウクライナでは厳冬期にもかかわらず根雪が凍結せずに地表が固まらないため、ロシア軍は大規模な攻勢に出ることができないとの報道もある。
「2023年の東欧は暖冬ですが、地表が凍結していると機甲部隊が動きやすいというのは常識です。ウクライナの国土の多くは農地です。地表がぬかるんだ状態では車両の移動が困難ですが、そこまでの大きな影響は受けないと私は思います」（飯柴氏）
すると、3月にも開始されるのではないかともいわれるウクライナ軍の大反攻は、もっと早く始まるかもしれない。
「アメリカから50両のM2歩兵戦闘車が送られることになりましたが、これは米陸軍の機械化部隊1個大隊の保有数と同等で非常に強力な戦力です」（飯柴氏）
この供与される数量からウクライナ軍が編成できる機甲部隊の戦力を推察してみよう。米陸軍の編成からすると、3個機械化歩兵中隊をM2歩兵戦闘車42両で編成できる。残り8両をドイツ供与のマルダー歩兵戦闘車40両に足して3個中隊、さらにM113装甲兵員輸送車（歩兵11人乗車可能）が84両で6個中隊、合わせて12個中隊で4個大隊の総兵力は1428人と推定できる。
すると、この4個機械化歩兵大隊が協同するウクライナ軍の機甲部隊は、米陸軍機甲旅団戦闘団の編成に当てはめると、12個中隊でT72戦車218両、人員654人となり、あくまでも数字の上でのことだが、総兵力20822人の強力な戦力となるのだ。

NATO 演習中のマルダー歩兵戦闘車。20mm 機関砲を搭載し、MELLS 対戦車ミサイルも搭載できる。ドイツのほか 3 か国で使用。（写真：アメリカ陸軍）

M2歩兵戦闘車、マルダー歩兵戦闘車を有する機甲部隊をもって、ロシア軍防御陣地を突破し、M113装甲兵員輸送車大隊が大量の兵力をそこに投入し、スピードと打撃力を活かした突破作戦が可能だ。

2023年1月初めの報道によれば、ドイツ軍においてマルダー歩兵戦闘車の乗員や乗車歩兵の習熟訓練に費やす時間は約8週間だという。アメリカのM2歩兵戦闘車のそれは約3週間という。とするならば、ウクライナ軍機甲部隊の作戦開始はやはり3月上旬と予測できるだろう。その作戦は実際にはどのように展開するのか、飯柴氏は次のように予測する。

「このウクライナ軍機甲部隊に対して、私がロシア軍側の指揮官ならば、現段階でウクライナ空軍は非力ですから『航空戦力』で対処します。その理由として、アメリカ軍は航空優勢が確保されていなければ陸上部隊は出さないので、歩兵部隊は対空戦闘訓練をほとんどしません。したがって、ウクライナ軍は対空防御をしっかりと固める必要があります。さらに注意しなければならないのが対戦車地雷です。かつて米陸軍で私の専門は対戦車戦闘だったので、装甲車両が侵攻してくるルートは容易に想定できます。この経路上に対戦車地雷とトラップ、障害物などを組み合わせた効果的な防御態勢を整えれば、〝即席〟の機甲部隊など簡単に撃破できます」

ウクライナ軍が保有するドイツ製の自走対空機関砲（対空戦車）「ゲパルト」30両では、ロシア空軍との対空防御能力が十分ではないのは明らかなので、アメリカは緊急に地対空ミサイル「パトリオット」の装備一式と訓練を提供している。3月上旬だと予想されるウクライナ軍機甲部隊の領土奪回作戦はどこで始まるのだろうか？

「ウクライナ軍は自軍の優位性や弱点をロシア軍はもちろん、メディアや外部に知られないようにする『OPSEC（作戦保全）』が徹底しています。今後、領土奪回作戦が始まれば、アゾフ海沿岸にこの機甲部隊を指向すると見せかけ、ルハンスク州北部奪還に戦力を集中するかもしれません」（飯柴氏）

［2023年1月27日配信］

英独に続きアメリカも戦車提供か？ウクライナ軍機甲部隊の反攻・突破作戦

火力、装甲ともT72より強力な西側戦車

ウクライナがロシア侵略軍を自国の領土から駆逐するため、アメリカやNATOに対して西側製主力戦車の提供を求めた。

米英仏独がウクライナへの追加軍事支援として、装甲車や歩兵戦闘車を提供することになったばかりだが、この矢継ぎ早の要求に元米陸軍の情報将校だった飯柴智亮氏は次のように懸念を述べている。

「仮にウクライナが求めるとおり戦車を手に入れ、反撃に出ても領土を奪還できなかったらどう

ドイツにおける戦車競技会に参加したウクライナ陸軍のT84Uオプロート戦車。主砲は48口径125mm滑腔砲。（写真：柿谷哲也）

するのでしょうか？　私はそこが心配です。戦車に限らず兵器は、簡単に取り扱えるわけではありません。戦車乗員の訓練も相応の時間や態勢が整わなければできません。ちなみに、米陸軍ではMOS（Military Occupational Specialties：兵士個人の専門職資格）が「19K（戦車兵）」のAIT（Advanced Individual Training：新兵後期教育訓練課程、兵士はこの基本訓練修了後にMOSを付与される）の期間は約5週間です。もしもウクライナ軍の戦車乗員の訓練を実施するならば、米陸軍機甲学校（ジョージア州フォートベニング）の訓練施設などで、教官や訓練プログラムを整え、かつ英語で完璧に意思疎通ができるようにする必要があり、相応の期間を要します」

戦車の供与に向け、まず動いたのはイギリスだった。1月14日にイギリスの主力戦車「チャレンジャー2」14両の供与を表明、続いて1月25日にはドイツが「レオパルド2」14両の供与を表明した。ポーランド、フィンランドは自国が保有するドイツ製レオパルド2のウクライナへの再輸出する方針で、ドイツへその許可を求めている。まずは、ポーランドが14両供与する模様だ。

さらにアメリカが、M1「エイブラムス」を30両供与する可能性も出てきた。元陸将補の二見龍氏はこれらの動きを次のように見る。

「イギリス軍のチャレンジャー2が14両、つまり1個戦車中隊だけでは、戦力的に規模が小さく戦況全体へ与える影響はあまりないでしょう。戦局を変える可能性があるのは、ヨーロッパの多くの国が保有するレオパルド2で、それがどれだけの数、供与されるかが〝カギ〟になるでしょう」

そこで、ウクライナ軍の戦車戦力の増強は、どの程度可能なのか予測してみた。ここではアメリカのM1エイブラムスは整備・補給システムなどの構築が長期化するとみられることから除外する。最も早く運用可能になるであろうドイツ製のレオパルド2が、ドイツ含めた各国から供与されると仮定すると、まずポーランドから249両、フィンランド、その他からの供与を合わせると、300両ほどになる。また、すでに東欧諸国からロシア製のT72戦車が約300両供与されているので、ウクライナは約600両の戦車を保有することになる。

「1個戦車連隊は約100両ですから、あわせて6個戦車連隊になります。1個戦車連隊を基幹に歩兵、砲兵、工兵部隊などを加えて1個機甲師団または旅団が編成できるので、6個の機甲師団か旅団になります。1〜2個は予備に充てるとしても、かなりの戦力増強になるでしょう。また、戦車そのものの性能を見ても、レオパルド2とチャレンジャー2は、高度な射撃統制装置と組み合わせた120ミリ砲と、複合装甲を採用しており、火力、装甲ともT72より強力で大きな威力発揮が期待できます。主砲の120ミリ砲弾は、APFSDS弾という徹甲弾で大きな貫徹力を有します。ロシア軍のT72の装甲を簡単に貫通して破壊できるでしょう」（二見氏）

ウクライナ軍に有利な情報ネットワークの戦い

ロシア軍の戦車戦力はT72を主体としている。レオパルド2とチャレンジャー2が加わったウクライナ軍の機甲部隊はどのように戦うのだろうか？

「戦場の情報ネットワークを有効に活用できれば、戦い方は大きく変わります。すでにアメリカから供与されることになっている装輪装甲車ストライカーは、このネットワーク情報システムを有しているため、戦車部隊と装甲車化、歩兵戦闘車化された歩兵部隊が一体となった戦闘を行なうことができます。ロシア軍の機甲部隊、機械化部隊にはそれがないのです」（二見氏）

モスクワのパレードに参加するT90A戦車。主砲は55口径125mm滑腔砲。（写真：柿谷哲也）

この情報ネットワーク戦闘は、戦場上空の偵察用ドローン、最前線の歩兵などが収集、通報した目標情報（敵の戦車や戦闘車両、部隊の位置など）、併せて味方の情報も作戦・戦闘中の部隊間はもちろん、リアルタイムで後方の司令部や戦闘指揮所でも共有することによって、常に先手を打つことが可能で有利に戦闘を展開できる。

「敵の目標情報、味方の位置情報の把握は圧倒的な力を発揮します。つまり、戦場のすべてを俯瞰して戦えるわけです。この情報ネットワークがあるかないかで大きな差がつきます」（二見氏）

NATO各国の戦車や装甲戦闘車両の供与によって、情報ネットワーク化されたウクライナ軍機甲部隊が出現する可能性も大きくなってきた。

一方、ウクライナ軍の戦車の半数はT72だが、こ

ドイツにおける戦車競技会に参加したウクライナの戦車兵。（写真：柿谷哲也）

れはどのように使えばよいのだろうか？
「私が運用、作戦指揮するならば、レオパルド2とチャレンジャー2は南部の作戦地域に投入します。圧倒的な突破力はクリミア半島奪還作戦の中核的戦力になり得るからです。T72は歩兵戦闘車を増強した機械化戦闘団の主力として東部地域に投入します。最前線を避け、側背からの機動で回り込み、最前線のはるか後方でロシア軍の包囲撃滅を図ります」（二見氏）
ウクライナ軍機甲部隊はドニプロから一気に南下し、情報ネットワークを活用した戦い方でロシア軍を殲滅していく。そしてアゾフ海に達すると西に攻撃軸を変え、ヘルソン南部とクリミア半島を分断する作戦である。では、このような攻勢作戦が開始できるのはいつなるのだろうか？

「飯柴氏が述べているように、新たに供与される戦車や歩兵戦闘車を動かせるようにするだけならば5週間ほどで可能でしょう。ただし、実際の作戦・戦闘では戦車が突破口を開き、そのあとに歩兵戦闘車が続き、対戦車地雷などさまざまな障害の処理、敵の対機甲戦力を撃破しながら戦う必要があります。これを実行できる戦車、歩兵戦闘車、工兵、野砲、兵站などの諸兵科連合チームを作り上げるのには時間がかかります。相応の訓練をしなければ、スピードと打撃力を発揮した作戦はできません。それには少なくとも3か月くらいは必要です」（二見氏）

1月21日、ポーランドから供与されるレオパルド2のウクライナ軍要員の訓練を開始するとの報道があった。

「3か月ほどみっちり訓練すれば、基本的な部隊行動、歩兵戦闘車との連携、防御陣地への突入、機動打撃、火力基盤としての運用などは習得できます。さらに諸兵科連合チームとしての総合訓練に進み、さまざまな状況下を想定し演練することによって組織的戦闘力を自在に発揮できるようになります。総合訓練は時間をかければ、かけるほどレベルが上がります。早急に仕上げるのに1～2か月かかるとすれば、6月初めにはウクライナ軍は機甲部隊を使った攻勢作戦を開始できるでしょう」（二見氏）

［2023年2月9日配信］

劣勢のウクライナがF-16戦闘機を欲しがる理由

供与可能なF-16の機数は？

2023年1月25日のロイター通信の報道によれば、ウクライナ国防省顧問のユーリー・サック氏が、各国からのウクライナへの戦車の供与が確定後、今度はアメリカ製のF-16戦闘機の供与を求めているという。これに対してポーランドはすぐに供与可能だと表明、フランスは供与に関して何も障害を設けないと発表した。

しかし、イギリスはこの供与に対して「これは正しいアプローチではない」と表明し、ドイツは供与には慎重姿勢を示し、また、アメリカのバイデン大統領は供与を否定した。

仮にF‐16の供与が実現しても、すぐに運用、実戦投入できるのだろうか。戦闘機に詳しいフォトジャーナリストの柿谷哲也氏は半年の時間があるならば可能だという。

「ミグ29、Su27、Su25、Su24、L39の操縦資格があるパイロットは6か月程度の機種転換訓練を経てF‐16に乗れるでしょう。戦争が今後も長期化すると仮定するなら、半年間の訓練期間は十分あるのではないでしょうか」

問題は各国からの供与が可能なF‐16の機数だ。

「F‐35Aを導入するベルギー、デンマーク、オランダはF‐16AMが余剰となっており、3か国で合計すると110機になります。ほかに隣国ポーランドに夜間攻撃可能なF‐16C／Dが48機あります」（柿谷氏）

ポーランドはNATOが一致結束すれば、F‐16の供与は可能だとしている。だが、F‐16の供与が決まったとしても、パイロットの訓練をしている間に、戦局がウクライナに不利な状況になるならば、F‐16を無人攻撃機に改造してロシア領内を攻撃する方法も考えられる。

米空軍では2016年に空中戦訓練の標的機としてF‐16をドローン化したQF‐16を実用化している。さらにこれを遠隔操縦ではなく完全自立飛行ができるまでに進化させている。公開されている情報では最大行動距離2740キロメートル、約1・8トンの搭載能力があるので、爆装して自爆ドローンにすることも可能だ。これを夜間に飛ばしてモスクワを狙うこともできる。
「F‐16を無人自爆機にするのは可能ですが、この無人機を使い捨てにするのは費用対効果が悪い。ロシア領内を攻撃するならば、ミサイルを使うほうが安上がりだと思います。旧式のF‐16AMのままでは長距離空対空ミサイルを搭載できませんが、スパロー（中射程空対空ミサイル）とサイドワインダー（短距離空対空ミサイル）を搭載して要撃機に使えます」（柿谷氏）
このF‐16AMをロシアとの国境際まで進出させ、そこから最大射程70キロメートルのスパローでロシア戦闘機を攻撃できる。

F‐16がなければウクライナ軍機甲部隊は壊滅する……

元空将補の杉山政樹氏は、F‐16が供与されれば、ウクライナの戦い方が変化していく可能性はあるという。

「F‐16でただ飛ぶだけなら1か月くらいの訓練で可能ですから、HARMミサイル（最大射程148キロメートル）を搭載し、単機で発見されないようにロシア領内に侵入して、ミサイルを発射するのです。ウクライナ空軍がF‐16のような長距離攻撃能力を持ったら、すぐにその能力を発揮できる領域に入っていくでしょう。それをわかっている米英独はF‐16を与えないのです」（杉山

ポーランド空軍のF-16C ブロック52。アメリカ空軍で使用するグレードと同等の高性能型。（写真：柿谷哲也）

氏）

では、米英独以外でF‐16供与に積極的な国がいるのはなぜなのか？

「ポーランド、北欧諸国がF‐16の供与に乗り気なのは、自国が危ないからです。報道にはあまり出てきていませんが、ウクライナが対ロシア戦でじつは厳しい状況に陥っているのをよくわかっているのが、ポーランド、北欧なのだと思います」（杉山氏）

２０２３年1月27日、ウクライナ空軍のパイロットで、ロシア侵攻以来１４１回出撃し、70両以上の装甲車などを破壊した功績で「ウクライナ英雄」の称号を授与されたダニロ・ムラシコ少佐（25歳）が、東部のバフムト近くで戦闘中に乗機が被弾、墜落して死亡した。

「このエースパイロットが撃墜されたように、ウクライナは〝ジリ貧〟なのです。ロシア空軍はベラルーシ空軍との共同訓練で空軍力の再起を図り、次の作戦に関しては持てるすべての力で航空優勢を取ろうとすると思います。ポーランドなどから供与されるレオパルド2戦車は、藪の中から隠れて戦車砲を撃つような戦い方をする戦車ではなく、情報ネットワークの中で戦うのがいちばん能力を発揮する戦車です。だから、その戦域すべてにネットワークを構成するために、絶対的な航空優勢の下で戦わなければならない。それには戦場上空を飛ぶF-16が絶対に必要で、ロシア空軍の戦力からすればウクライナ軍は航空優勢を維持できないと、供与された約300両の戦車はほとんどやられてしまうでしょう」（杉山氏）

では、ウクライナ軍が航空優勢を維持するためには、F-16は何機必要なのだろうか。また、実戦で使いこなすための訓練も必要になってくる。

「主要な戦域の正面だけでも50~60機程度は必要です。ウクライナ空軍の戦闘機パイロットは情報ネットワーク環境下での作戦するための訓練が必要になります。まずは米空軍などのフライトシミュレーターを借りて基本的な訓練を開始します。フライバイワイヤー（航空機の操縦を電気的システムで行なう方式）での飛び方を学び、実戦形式での戦術も学ばなければならないから、数百時間実機に乗らなければなりません。だから訓練は半年くらいかかるのです」（杉山氏）

予想される次のロシア軍の大反撃で勝負がついてしまうかもしれない。
「ウクライナに負けてくれとまではいわないと思いますが、だからドイツはどうにかしてウクライナに引き際を考えて欲しいのです。しかし、そのデッドラインは過ぎたと判断したポーランドは腹をくくった。アメリカはロシアと核戦争はやりたくない。だから、バイデン大統領はF‐16供与に対して、はっきりと〝ノー〟と言っているのです」（杉山氏）
上空にF‐16戦闘機がいないウクライナ軍機甲部隊は、ロシア空軍によって壊滅させられるかもしれないのだ。

（編集部追記：2023年8月20日、オランダとデンマークを訪問したゼレンスキー大統領は、両国で合わせて61機のF‐16戦闘機が供与されると発表。時期はウクライナ軍操縦士の操縦訓練完了後で、2024年初めに最初の6機が供与されるという）

[2023年2月15日配信]

射程距離150キロの「ハイマース」はウクライナ軍巻き返しの切り札となるか？

GLSDB弾ならロシア軍の兵站拠点を潰せる

2023年2月7日にロイター通信は「ウクライナ東部でロシア軍兵士が24時間以内に1030人戦死、2日間で1900人戦死した」と伝えた。また、2月9日の共同通信の報道では、「アメリカのシンクタンク、戦争研究所の分析によれば、ロシア軍は東部地域に自動車化狙撃師団、戦車師団、空挺師団の3個師団を投入した」と伝えており、激戦が確かに始まっている模様だ。この戦況について、元陸将補の二見龍氏は次のように見る。

「師団規模になっているのは、突撃歩兵チームが多く戦闘に投入されているのではないかと考え

米海兵隊の高機動ロケット砲システム「ハイマース」。射程約 30㎞のロケット弾や射程約 300mk㎞の ATACMS ミサイルなどを装填できる。20両が供与された（写真：柿谷哲也）

られます。ウクライナ軍はロシア軍突撃歩兵の、損害を顧みず何波にも及ぶ激しい攻撃に耐えなければなりません」

2月9日の産経新聞の報道によると、ドイツ製の戦車レオパルド2の1個大隊30両が3月にウクライナに到着、また、同日のCNNの報道では、イギリスが供与するチャレンジャー2も3月に第一陣が到着すると伝えている。それまで、ウクライナ軍の最前線は脆弱な状況だ。

しかし、わずかな光明も見える。1月31日のロイターの報道によると、アメリカは20億ドル強の軍事支援を用意しているが、そこに通常は射程距離が80キロメートルしかない高機動ロケット砲システム「ハイマース」用に、150キロメートルの地上発射型小直径爆弾（GLSDB）が含まれているという。

「ハイマースは、すでにウクライナ軍の遠距離火力の主力になっており、問題は射程距離だけなので、このGLSDB弾の使用はすぐに可能です。迅速な戦力の発揮が期待できます。激戦の東部地域にいま、どうしても欲しい兵器です」（二見氏）

報道によると、ロシア軍は最前線後方の弾薬集積地や兵員の拠点をハイマースの射程距離（80キロメートル）外に置いている。

「これによってロシア軍は砲兵が継続的に砲撃することが可能で、最前線の歩兵部隊が損耗すれば交代の部隊を投入して攻め続けられる。これでウクライナ軍の防御部隊が疲弊し、防御陣地が崩れていっています。しかしハイマースの射程距離が延伸できれば、80キロメートル以遠にあるロシア軍の戦力・兵站拠点を狙って潰すのです」（二見氏）

では、このハイマースの射程距離延伸をどのように活用していくのだろうか？

「戦闘部隊の後方地域に展開して兵站（後方支援）を直接的、間接的に実施する組織・機能を『段列《だんれつ》』といいます。ここをGLSDB弾のハイマースで破壊していきます。次に現在のロシア軍の凄まじい砲撃量から推定すると、80キロメートル以遠の弾薬集積所には、弾薬が野積みになっていることが予想されます。次にそれを破壊していきます。さらにその後方には、鉄道などで輸送し

てきた弾薬を積み下ろしする弾薬補給拠点と弾薬庫があります。そこも破壊するのです」(二見氏)

155ミリ榴弾砲M777で前線を死守する

GLSDB弾頭は93キログラムで、厚さ1・8メートルの鉄筋コンクリートをも貫通可能だという。防護された弾薬庫でも十分に破壊できる。

「ロシア軍が兵站基地を最前線から150キロメートル以遠に設置すると仮定した場合、輸送車両の平均時速が30キロメートルとすると往復で10時間はかかります。これがさらに200キロメートルよりも遠くなると、往復で13時間となります。補給は『一夜行程』と呼ばれ、夜に行ないますから、車両を増やして昼間の輸送を行なうか、輸送量を減らして補給しなければならない状態になります。弾薬補給を制限されるということは、攻撃衝力の低下を意味します。凄まじい砲撃はできなくなるでしょう」(二見氏)

残るは最前線で対峙する、塹壕にいるロシア軍の突撃歩兵チームをどうするかだ。

「155ミリ榴弾砲M777の出番です。まず短延期信管を使います。この砲弾は地表を貫き地面の下で爆発しますから、ロシア軍歩兵は塹壕にとどまっていられなくなります。次に、空中で砲弾を炸裂させる『曳火射撃』と、地上で砲弾を炸裂させる着発信管付きの黄燐発煙弾を混合して砲撃

を行ないます。これは一例ですが、このような攻撃によって歩兵を撃破します」（二見氏）
ここでウクライナ軍に十分な戦車があれば、機甲師団が突進し、ロシア軍の陣地を蹂躙できる。
「ウクライナ軍には2023年の夏以降にならなければ、戦車や装甲車が十分に揃わないので、砲兵とドローンの活躍に期待することになりそうです。ここが踏ん張りどころとなるでしょう」（二見氏）
そのGLSDB弾のハイマースがウクライナ軍の最前線に届いたという報道はまだない。いま、ウクライナ軍は持ちこたえるしかない。
「GLSDB弾のハイマースが届けば主力は東部地域、四分の一は南部地域に配備して、首都のキーウが危うくなれば、東部のハイマースを移動させます。首都防衛戦では地形的に縦深がないので、迷わずベラルーシ領内のロシア軍策源地をハイマースで叩き潰します。ベラルーシに対しては『ベラルーシを目標にしているのではなく、ロシア軍を攻撃しているのだ』というロジックで説明します。F‐16戦闘機の供与がなくても、ウクライナ軍にとってハイマースの射程距離延伸はずいぶん助かるのです」（二見氏）
だからロシア軍は、ウクライナ軍がイギリス、ドイツ製戦車を使う前に戦局の優劣を決しようとしているのだ。

［2023年2月26日配信］

ウクライナにNATO戦闘機供与実現の可能性

わずか数日の出撃で使える戦闘機が枯渇

2023年2月8日のロイター通信の報道によると、ウクライナのゼレンスキー大統領がイギリスを電撃訪問し、スナク英首相と会談した。イギリスはNATO（北大西洋条約機構）加盟国の最新戦闘機でウクライナ空軍パイロットの訓練を確約したという。

NATO各国が保有する空軍機がウクライナに集結すれば、かつての人気劇画『エリア88』（新谷かおる作。架空の国の航空基地を舞台に傭兵戦闘機パイロットたちが航空作戦を繰り広げるストーリーで、主人公の風間真の魅力的なキャラクターに加え、F－14トムキャット、A－4スカイホークなど登場するさまざまな戦闘機の精緻な描写などが軍用機ファンや若者から支持を集めた。この劇画を読んで航空自衛隊の戦闘機パイロットを目指した者も多かったという）が現実化するような展開である。

そこで、NATO各国空軍や戦闘機などの事情に詳しいフォトジャーナリストの柿谷哲也氏は、ウクライナへの戦闘機供与ついて、その可能性や現在の動向を次のように説明する。

「イギリスからはユーロファイター・タイフーン・トランシェ1型を50機提供可能です。ドイツにはこれと同型のEF2000の余剰が33機あり、また、イタリアも28機保有しており、合わせて111機です。仮にこれらがウクライナに供与されれば、この第4・5世代戦闘機のタイフーンはロシア空軍の第一線機と互角以上に戦える能力があり、要撃任務に使用可能です。ドイツとイタリアの空軍は、さらに古い多用途戦闘機トーネードIDSを計160機保有しています。スペインにはF／A-18Aの余剰が若干あります。さらにフランスは、2022年に退役したミラージュ2000Cを100機保管中です。これらの戦闘機は対地攻撃能力が高く、ウクライナでの航空作戦に有効です」（柿谷氏）

すると、これらの供与検討の対象になりそうな戦闘・攻撃機は371機になる。航空自衛隊の戦闘機の現有数は325機（2022年12月現在）なので、わが国の防衛とは作戦構想も置かれてい

NATO 演習中のフランス空軍ミラージュ 2000。フランス政府は退役後のミラージュ 2000 をウクライナに渡すのか、その行方が注目される。(写真：柿谷哲也)

る状況も異なるものの、371機という数はかなり強力な航空戦力といってよいだろう。

400機近い作戦機があれば一気にロシア空軍の殲滅は可能なのだろうか。元空将補の杉山政樹氏は、実際の作戦機運用には解決しなければならない技術的な問題も多く、単純に作戦機の多寡だけで戦力を評価できないという。

「戦闘機は高度なシステムで構成されている〝機械〟です。数十機単位を運用すれば、戦闘機が1回飛ぶごとにその半数程度には何らかの不具合や故障が発生します。たとえばフレア(赤外線誘導ミサイルの追尾を妨害する囮の熱源を発射する装置)が出ない、自己防御装置が働かない、レーダーの不具合、ミサイルのシークエンス(使用するミサイルの選択から発射、目標の追尾、撃破に至る制御）が合わないなど、ほんのちょっとしたメカニズムの不具合で戦闘ミッションには使えなくなります。5回飛べばほとんどの戦闘機は修理、整備が必要になり、出撃できなくなります。ウクライナでの航空作戦はすぐ近くに戦闘空域があり、離陸後20～30分で戦闘に移り、その後すぐに帰ってきて燃料補給、武器を再搭載し、また出撃する。1日に5回出撃するのも当たり前で想定されるソーティー（軍用機の延べ出撃回数。10機が5回出撃すれば50ソーティー、50機が1回出撃しても50ソーティーとカウントされる）がものすごい数になる。だから、わずか数日の出撃で全戦闘機が枯渇してしまうわけです」（杉山氏）

戦力回復の〝切り札〟F-16戦闘機

2月11日の複数のメディアの報道によると、2月9日にEU首脳会議に出席したゼレンスキー大統領に対して、スロバキアが自国のミグ29戦闘機の供与を前向きに検討していると伝えたという。

この報道を受け、前出の柿谷氏はスロバキアからNATO仕様でHARMミサイル搭載可能のミグ29戦闘機12機がウクライナに送られるとの情報があり、このスロバキアの12機とポーランドの30機、計42機のミグ29がウクライナ空軍に供与される可能性があるという。

ベルギーのF-16Aブロック15OCU。古いタイプのF-16にブロック50相当の近代化改修が施されたタイプ。（写真：柿谷哲也）

「すでにミグ29のパーツはウクライナに届いているのではないでしょうか。ゼレンスキー大統領はウクライナ空軍で運用実績があるミグ29の提供を各国に繰り返し求めています。供与されたミグ29はＮＡＴＯの高性能機が供与されるまでの繋ぎとして使います。ベラルーシで演習していたロシア空軍が、航空優勢を獲得するための組織戦闘を北から仕掛けてきたら、ウクライナ空軍のミグ29部隊はベラルーシから侵入してくるロシア航空戦力を防空戦闘で阻止しながら、同時に東部地域の地上戦を空から支援する対地攻撃をやらなければならない」（杉山氏）

そして、その対地攻撃任務は、まさに『エリア88』で描かれているような戦闘の様相になるだろうという。

「ベテランの実戦経験豊富なパイロットが操縦する単独機によるミッションです。戦闘機には空対空戦闘用のミサイルと空対地攻撃用の爆装をして、ロシア機を見つけたら撃ち落し、地上目標があれば爆撃します。当然、混戦状態のなかを飛ぶことになるので、危険を察知したら自機が撃ち落とされないようにすぐに戦闘空域を離脱する。そういう判断や臨機応変に行動できるパイロットがどれだけいるか、そこがウクライナ空軍にとって航空戦勝敗の〝カギ〟になります」（杉山氏）

ミグ29戦闘機を持久戦の中核とするならば、後から送られるNATOの高性能機はどんな機種がよいのだろうか。

「F‐16が最適でしょう。多数機で情報ネットワーク戦を展開するのには1年程度の訓練期間が必要ですが、その間にウクライナ空軍の整備員はポーランドなどで訓練し、F‐16の整備補給から作戦戦闘まですべての運用態勢を整えます。F‐16が供与された場合、その数は100～200機になると思われますが、そのうち50～60機が運用可能なれば、地上と連携した情報ネットワーク戦が可能となり、ウクライナ軍はロシア軍に奪われた自国領土を取り戻すための航空優勢を確保できることになります」（杉山氏）

「ベルギーとオランダは主力戦闘機をF‐35Aに更新中で、射程180キロメートルのAIM120ミサイルが搭載可能の近代化改修済みF‐16Aに余剰が出るかと思います」（柿谷氏）

このようにF‐16戦闘機の供与が実現すれば、ロシア侵攻以来1年を経て大きな損害を受け弱体化しつつあるといわれるウクライナ空軍の戦力回復の〝切り札〟となろう。2月19日のロイター通信の報道によると、ミュンヘン安全保障会議の合間にクレバ外相らウクライナ当局者とアメリカの上下院議員が協議し、ウクライナ当局者はF‐16の供与をバイデン米大統領に対し働きかけるよう依頼したという。

しかし、バイデン大統領はこれまでのところ、F‐16の供与は否定しており、また、2月28日の米議会下院軍事委員会の公聴会で米国防総省のカール国防次官は、F‐16の供与と要員の訓練など必要な援助の提供について、時間的な制約や費用、ほかの優先事項を理由に否定的な見解を示した。F‐16の供与が実現するか否かは依然、不透明な情勢下にある。

（編集部追記：2023年5月20日、G7広島サミットでアメリカは、ウクライナに対するF‐16の供与に向けて、訓練の提供を容認する考えを表明。2023年8月、米国防総省の報道官は、2023年9月より米国内でのF‐16の操縦訓練を開始すると発表）

［2023年3月20日配信］

ワグネル傭兵部隊による決死の突撃。「バフムト攻防戦」を読み解く

5キロ進撃するのに約5万人の死傷者

2023年春以降、連日のように、ウクライナ東部のバフムト近郊の激戦の模様が伝えられている。

バフムト市は東部ドンバス地域の交通の要衝である。同市の東側には南北にバフムトフカ川が流れ、現在、ロシアの民間軍事会社ワグネルの傭兵部隊が1日あたり30メートルといわれる前進を5か月間続けており、5キロメートル前進した結果、その川の東岸に達した。そこを渡河しても西岸には幅が最大800メートルの開豁地《かいかつち》があり、市街地に展開、守備中のウクライナ軍からの攻

撃、前進阻止が予想される。

バフムト市の西側は台地を形成しており、そこにウクライナ軍の補給路となっている2本の道路が走っているが、その南北よりロシア軍が迫り、ウクライナ軍が確保している道の長さは4キロメートルまで縮小している。ここで何が行なわれているのか。元陸将補の二見龍氏に聞いた。

「ウクライナ軍は市内に2〜4個旅団、市外の南北に2〜4個旅団ずつ、合わせて6〜12個旅団、最大4万2千人の大兵力を投入しています。そこにロシア軍はそれ以上の戦力を投入していますが、総兵力は不明です」

この状況を踏まえて、バフムトを東方から攻めるワグネル傭兵部隊とウクライナ軍の攻防から戦局を読み解いていこう。

ロシア軍は1組10人、5組で総勢50人の突撃兵が一つの陣地制圧・確保を目指す突撃を繰り返している。その多くが戦死するなか、最後の数人で陣地を奪取する戦法で戦っているという。

「数人の兵士が突撃するとウクライナ軍が射撃を開始し、火点がどこなのかが判明します。そこを砲撃して潰します。その繰り返しで5キロメートル進撃する間に約5万人の死傷者が出たとの報道がありますが、これは陸上自衛隊に置き換えれば50個の普通科連隊が壊滅していることとなります。これを5か月間続けているのがワグネルのやり方です」（二見氏）

この状況下でウクライナ軍はこの先、どう防戦していくのだろうか？

「損害を度外視した攻撃を仕掛けてくるワグネルを止めることは容易ではありません。無人ドローンから手榴弾を1個ずつ落とす攻撃方法に加え、私ならばまず敵が進撃する方向に鉄条網や地雷原などで障害物を作ります。ワグネル突撃隊はその障害の前で止まります。そこに弾幕という30×100メートルの火力集中地域を複数設定します。弾幕の位置は事前に測量をしているので、弾幕地域へ正確に砲弾を指向できます。火集点《かしゅうてん》へ複数門の105ミリ榴弾砲を1分間に6発、計50発撃ち込んで、ワグネル突撃隊を粉砕します。その火力集中点の左右に逃れたワグネル兵に対しては、迫撃砲で制圧します。切り札の155ミリ砲M777からは精密射撃が可能なM982エクスカリバー弾を撃ち込みます。ワグネルの戦車、装甲車を片っ端から狙い撃ちにします」（二見氏）

これならばワグネル突撃隊を阻止、全滅に追い込むこともできそうだ。

「いいえ。これでも障害物の阻止線に到達したワグネル兵はまだ、横一列に遮蔽物の陰に伏せています。これを自軍陣地内に擬装掩蔽された射撃陣地から、突撃破砕射撃と呼ばれる機関銃の連射で斜め、真横から倒していきます」（二見氏）

「ここで1か月、晩飯を食え」

ワグネル兵は5か月間、ウクライナ軍との激しい戦闘の末、川の東岸まで到達したというが、この先はどのような戦闘が展開されるのであろうか。

「次に彼らは渡河しやすい浅瀬の近くの河岸に集合します。この時、1個中隊150人が集結したところを再び、空中で炸裂する105ミリ榴弾砲で射撃します。砲弾破片の豪雨で渡河を企図する兵力を壊滅させます」(二見氏)

渡河に成功しても、数百メートルの開豁地が広がっている。

「そこに隠れやすい遮蔽物となる溝や穴、構築物を設けておきます。そこにワグネル兵が砲撃から逃げて飛び込んだならば、あらかじめIED(即席爆発装置)として仕掛けた対人・対戦車地雷が次々と爆発します。夜間戦闘では、サーマル装置を装備したウクライナ軍の狙撃兵が、ワグネルの偵察兵を次々と狙撃します。そして、ウクライナ軍の工作班が開豁地の壊れた遮蔽物に新たにIEDを仕掛けます。この繰り返しです」(二見氏)

そして、生き残ったワグネル兵が市街に突入する。1月28日のCNNの報道によると、「ワグネルの総帥プリゴジン氏は『中心部に近づくほどより多くの戦車が現れる』と言っている」と戦況の一端を伝えている。

「戦車はあらかじめ射撃陣地を数か所作り、射撃陣地へ移動してロシア軍を建物ごと破壊し、対戦車兵器に狙われないうちにほかの射撃陣地へ移動しながら戦闘を行ないます。だから多くの戦車が現れるとプリゴジン氏は発言していたのでしょう。戦車の車載機関銃は300メートル先のバレーボール大の標的をも撃ち抜けます。連射を受ければ1個分隊10人をなぎ倒します。実際に体験してみないとわからない怖さです。ワグネル兵の後続部隊が市街地へ入ってくる経路は決まっていますから、その脇に仕掛けてある指向性散弾地雷を炸裂させ、敵の前進を阻止します」(二見氏)

NATO(北大西洋条約機構)はこの攻防戦に関して、ロシア側の損害にはウクライナ軍の5倍に達していると発表している。さまざまなニュース映像などで激戦の模様が伝えられているが、双方の指揮官はこんな状況下で、最前線の兵士たちにどんな言葉をかけるのだろうか。

「あまり難しい話をすることはないと思います。私ならば『ここで1か月、晩飯を食え』と言うかもしれません。つまり『下がるな』ということです」(二見氏)

一進一退の攻防は、まだまだ続くことになるのは間違いない。

(編集部追記:2023年6月下旬に武装蜂起(ワグネルの反乱)を起こしたロシアの民間軍事会社ワグネルの創設者プリゴジン氏は、2か月後の8月23日、搭乗していた自家用ジェット機が墜落し、ワグネル幹部らとともに死亡が発表された。プーチン大統領によって暗殺されたという見方が根強い)

［2023年3月24日配信］

岸田首相のウクライナ〝電撃訪問〟の情報が漏洩か？ 日本の危機管理態勢の問題点

バイデン米大統領の電撃訪問との違い

2023年3月21日、ワールド・ベースボール・クラシック（WBC）準決勝、日本対メキシコ戦の9回裏を放送中のテレビ画面に「岸田首相、ウクライナを電撃訪問」のニュース速報が流れた。これは岸田首相がウクライナ出国後の報道かと思いきや、その後のニュース番組では、岸田首相がポーランドからウクライナの首都、キーウに向かう列車に乗るようすが放映された。

首相のウクライナ訪問計画は、2月に読売新聞で報じられ、このスクープに岸田首相は激怒したとも伝えられている。3月21日のニュース速報はNNN（日本テレビ）によるものだったが、これは、一メディアのスクープにとどまる話ではなく、この報道は、その時点でウクライナのゼレンスキー大統領が10時間後にいる場所を、ゼレンスキーを邪魔だと考えている人間も含めた全世界の人々に知らしめたことに等しい。

この一件を受けて、元米陸軍大尉で情報将校も経験した飯柴智亮氏は次のように分析する。

「米国の大統領が専用機『エアフォースワン』などを使い、外国、特に危険地帯に電撃訪問する際のＩＴＩＮＥＲＡＲＹ（旅程）はトップシークレットです。これは、セキュリティクリアランス（機密情報を扱うにあたっての適格審査）において、最上位の者たちだけが知り得て、外部に洩れる心配はありません。それを洩らすと米国では重罪が科せられます」

２０２３年２月にバイデン米大統領がウクライナを電撃訪問した際は、キーウからポーランドに戻った時点で初めて報道された。訪問に同行した記者２人は出発２日前にホワイトハウスに呼び出され、絶対的な秘密保全を誓約し、同行取材が終わるまでスマートフォンも取りあげられたという。岸田首相の訪問が、ポーランドからウクライナへの出発前に報道されたのとはまるっきり状況が異なる。

「ＯＰＳＥＣ（オペレーションセキュリティ）と呼ばれる作戦機密の保全措置が日本にはなさ過ぎます。ゼレンスキー大統領の居場所をばらし、そこにいるよと伝えた事実は到底信じられるもので

はありません」（飯柴氏）

さらに、誰もが周知するなかの電撃訪問となった岸田首相は、移動中の列車から日本にいる与党幹部に「いま、ウクライナにいます」と電話をしたらしい。

「常識では考えられません。ウクライナではロシア軍の将軍がスマートフォンを使ったため居場所を知られ、狙撃されて多数が戦死しました。ロシア軍が同様の手段を持ってないという確証はありません」（飯柴氏）

ゼレンスキー大統領の命を危険にさらした

岸田首相は3月21日（現地時間）の正午すぎに列車でキーウに到着。駅では双眼鏡を持った兵士が周囲を警戒していた。狙撃と自爆無人機への対処のためであろう。その後、岸田首相はブチャへ移動、教会での献花、黙祷、日本政府が贈った発電機の視察などののち、キーウに戻り、マリインスキー大統領宮殿でゼレンスキー大統領と会談した。

「10時間以上の時間があれば、ロシア軍はゼレンスキー大統領を攻撃するCOA（Course of Action：選択肢）はいろいろと考えられました」（飯柴氏）

3月22日のNHKの報道によれば、岸田首相のウクライナ訪問はロシア側に事前通告ずみとのことだったが、それは相手の判断に安全を委ねただけだ。ゼレンスキー大統領が岸田首相を迎えに出てくる場面がいちばん危険な瞬間だ。

「ウクライナ当局が時間と場所を無作為、または、意図的に細かく変更して、狙撃、攻撃を防いだと思われます。正直な話、日本のマスコミに対しては『余計なことをしやがって』と思っていたにちがいありません」（飯柴氏）

その後もゼレンスキー大統領の身に異変はなく、ロシアとの戦いの陣頭指揮にあたっているが、一歩間違えば命を奪われていた可能性もあったことを忘れてはいけない。

「日本は今も昔も、秘密保全に関しては他国から信用されていません。1996年12月17日に発生した駐ペルー日本大使公邸襲撃占拠事件では、フジモリ大統領（当時）は突入作戦に関して、いっさい日本に伝えることなく進めました。突入作戦前にはまったく情報を外部に漏らすことなく、キューバに飛んでカストロ議長とテロリストの受け入れ要請の会談をするなど、記者たちを翻弄し続けました。日本のOPSECは明らかにペルー以下です」（飯柴氏）

岸田首相はキーウで、「秘密保持と危機管理、安全対策に万全を期すべく、慎重にウクライナ側との調整を重ねた」と記者団に語ったという。

「そもそも日本にセキュリティークリアランス制度が完備されていないので、何から説明してい

いのかわかりません。逆にこの制度がないので『何を言ってもよい』ということになっているのです」（飯柴氏）

2月14日のNHKの報道によると、岸田首相は経済安全保障に関して、セキュリティークリアランス制度の創設に向け検討作業を進めるよう指示したという。

「私の感覚から言えば、セキュリティークリアランス制度のない情報組織や情報部隊は、土地がないのに家を建てようとするのといっしょです」（飯柴氏）

いずれせよ、米国ならば国のトップのウクライナ極秘電撃訪問の日程はトップシークレットであるにもかかわらず、日本の岸田首相の訪問は外部に漏洩した。米国ならば情報漏洩ルートに関して、FBI（連邦捜査局）がすぐに捜査を開始するだろう。報道では今回の情報洩れにおいて、岸田首相の身の安全に問題はなかったとしているが、ゼレンスキー大統領とウクライナ政府首脳の命も危険にさらした事実を忘れてはならない。

［2023年4月4日配信］

一進一退の激戦が続く「バフムト攻防戦」

敵陣を奪う時は「両翼を落とせ」

ウクライナ軍とロシア軍の激戦が続くバフムトの戦況について、2023年3月25日、複数の外国メディアは、イギリス国防省が「ロシア軍は戦力を消耗し動きが失速している」「民間軍事会社ワグネル部隊とロシア軍との間に内紛が起きている」と指摘したと報じた。

ウクライナ陸軍司令官は3月末に「我々はまもなくこの機会を利用する」と、近く反転攻勢に出る考えを示した。

元陸将補の二見龍氏に、このウクライナ軍の反撃の動きについて話を聞いた。

「この攻防戦に関しては、バフムト市街の中と街の東側を流れるバフムトフカ川周辺だけを見ていては、戦い全体の流れを見誤ります。敵陣を奪う時は『両翼を落とせ』といわれます。バフムト

無人と化したバフムト市街地。砲撃で家屋やアパートは穴が空き、あちこちで火の手が上がる。写真は 2023 年 4 月 4 日の様子。（写真：ウクライナ国境警備隊）

がまだ包囲されないのは、市街地に接する河川の南北に渡る〝防御の翼〟が堅く崩れず、ロシア軍の市中心部への侵入をコントロールしながら阻止しているからです。さらにウクライナ軍は、市北部の郊外と市南西部にある高地の南側に多くの部隊を配置し、強固な防御陣地と機動打撃によってロシア軍の包囲を阻んでいます。包囲しようとしているロシア軍は毎日大きく戦力を削られ、息が切れてこの郊外南北の地域に新戦力を供給できない状態になっています。ロシア軍は戦線を縮小しなければならない状況ですが、このバフムト近郊から後退するタイミングが弱点となるのです」

後退する際の順序はまず補給部隊、そして次に砲兵部隊となるという。

いま、ウクライナ軍が優勢ならばウクライナ軍にとって、バフムトフカ川以東にロシア軍が後退する際に集結する場所、道路の狭隘部分で混雑するタイミングが、彼らを捕捉する絶好の機会となります。また、後退路では決まって十字路で通行が混雑し、輸送車両による渋滞が発生します。そこをウクライナ軍の砲兵部隊は、手持ちの火砲をすべて使って叩きます。無人機やNATO軍からの情報で敵の正確な位置はわかっていますから、50×25メートルの火力集中点に弾幕射撃を加えます。たとえば、6門の榴弾砲の砲弾を、30秒に1回ずつ6発を同時弾着で計3回、全部で18発を1分30秒で叩き込みます。火力集中点内の目標は破壊することができます。ほかの渋滞している場所へ弾幕を指向することにより、ロシア軍へ徹底して砲弾を撃ち込みます」（二見氏）

砲撃により敵戦力を削いでいくのがウクライナ軍による反撃作戦の第一段階になるというわけだ。

「そして作戦は第二段階となります。打撃部隊である機械化歩兵旅団3個が、南北どちらかからロシア軍陣地の薄いところを狙って、T72戦車90両、BTR装甲兵員輸送車300両に歩兵3000人を乗せ、最後尾に位置する155ミリ自走榴弾砲からの援護射撃を受け、機動打撃を行ないます。さらに、高機動ロケット砲システム『ハイマース』と155ミリ榴弾砲M777のエクスカリバー砲弾で、反撃路から最も遠いロシア軍の後方兵站集積地を攻撃します。バフムト市から東に20

キロメートルの奥深い地点まで打撃します。ロシア軍は戦線が延びきっているので、陣地線の一枚皮が破れると中には砲兵のほか、通信や兵站などの後方部隊と指揮所しかありません。つまり、後ろがガラ空きですから、その地域へ一気に突進することができます」(二見氏)

ロシア軍と内紛状態のワグネル部隊の間隙を突く

ウクライナ軍の打撃部隊が到達した西側には、ロシア軍と内紛状態のワグネル傭兵部隊がいる。

「ロシア軍とワグネルの連携がとれていない間隙を突くのです。南北からロシア軍のバフムト包囲部隊の後ろへ打通《だつう》する攻撃をすれば、ロシア軍の後方連絡線を遮断できます。すると、包囲戦に参加していた1万人程度のロシア軍を逆包囲、つまり孤立させることができます」(二見氏)

このウクライナ軍の反撃で、どの程度のロシア軍を撃破できるのだろうか。

「ダイナミックに大量に戦果を上げるためのやり方を考えるのが〝作戦〟ですから、ロシア軍が展開する8~10個旅団のうち2個旅団、8000人は殲滅できます。ロシア軍の捕虜が多く発生するでしょう。両手両足を結束バンドで固定し、仮留置するか後送します」(二見氏)

こうして包囲戦はいよいよ、最終段階に移っていく。

「ここでウクライナ軍の予備部隊が北のM03道路を使い、バフムトの東を通り抜け、さらに奥へと反撃します。そこにいるロシア軍部隊の抵抗力は小さいので、さらに東へウクライナ軍の反撃部隊は進撃し、鉄道集約点を目標に前進します」

なぜ、この反撃の際、ウクライナ軍はイギリスやドイツの戦車を使用しないのか?

「いや、T72戦車で十分です。いまはイギリスやドイツなどから供与される戦車は訓練を積んで練度を上げ、やがて開始される大反撃のタイミングに備えるべきなのです」(二見氏)

その時期はさまざまな報道では2023年の5月といわれている。3月19日のTBSの報道によれば、ワグネルは5月中旬までに戦闘員を3万人採用すると発表。またブルームバーグニュースの3月25日の報道によると、ロシア軍は最大で40万人の契約軍人を集め、ウクライナ軍の反撃に備え、戦線に投入するとのことである。

一進一退のバフムト攻防戦だが、ウクライナ軍が有利ならば、ここでシミュレーションしたような反撃作戦はあるかもしれない。だが、ロシア軍優勢となると、さらに43万人の兵力がバフムト周辺にやってくるのだ。ウクライナ軍にとっては、まずはバフムト周辺からロシア軍戦力を駆逐できるかどうかが、反転攻勢に移るための絶対条件となっている。

［2023年4月24日配信］

ウクライナへの〝後方支援体制〟の完成。いよいよ「ロシア軍壊滅作戦」が始動か？

NATOによる新しい兵器戦略

4月1日、ポーランドのモラヴィエツキ首相は公式ツイッターで、ポーランド国内で製造した装甲車100両をウクライナに提供すると表明した。代金は米国とEU負担だ。この動きに関して、元陸将補の二見龍氏は次のように話す。

「フィンランド、ポーランド、そしてウクライナの兵器戦略が完成しました。これまでは兵器を供給することで、与えた国をコントロール下に置くのが米国とロシアの兵器戦略でしたが、それとは今回の話は違います。NATO（北大西洋条約機構）諸国がお互いに、生産から修理に関すること

マルダー歩兵戦闘車は西ドイツ時代の1971年から390両が配備された。ドイツは後継のプーマと置き換えるためにマルダーを放出できる。(写真：米陸軍)

までスべて協力し合うという新しい兵器戦略です」

ポーランドが引き渡す「KTOロソマク8輪装輪装甲車」は、フィンランドのパトリア社が開発したAMV（装甲モジュラー車両）をポーランドの軍需企業、ロソマク社がライセンス生産している。欧州の武器事情に詳しい元米陸軍大尉の飯柴智亮氏はこう語る。

「（開発した）パトリア社は社名が何回か変わっていますが、百年以上の歴史を持ち、同国空軍のF／A-18戦闘機をライセンス生産している〝フィンランドの三菱重工業〟のような会社です」

この8輪装輪装甲車はパトリア社が作った秀作だといえる。

「今回のウクライナ戦争で、装甲が薄い装甲車では弾が貫通してだめだとわかりました。KTOは1両に8人の兵員を乗せます。したがって、100両で800人、つまり2個大隊弱がロシア軍防御部隊の火力をはねのけて前進できる攻撃態勢が出来上がったわけです」（二見氏）

4月4日のAFP通信の報道によると、ドイツのラインメタル社がルーマニア北部のウクライナ国境に近い街に、ロシア軍との戦闘で使用した兵器の整備拠点を設けるとのことだ。

「ドイツの戦車、レオパルドの主砲はラインメタル社製です。2022年、130ミリ砲を備えた『KF51パンター』新世代戦車を発表しました。最新兵器ですのでロシアに捕獲されないよう注意が必要ですが、ウクライナにテスト的に投入して、実戦データの収集を行なうのかもしれません」（飯柴氏）

「ドイツ政府が整備拠点建設の許可を出し、これで完全に後方支援体制が出来上がりました。整備の優先順位はレオパルド戦車です」（二見氏）

ここでドイツ戦車の整備・修理をする。すでに戦闘で損傷したロシア製戦車を、ウクライナ軍はチェコで修理している。

「チェコは工業国で職人の腕が確かです。ウクライナに比較的近い東欧・チェコに戦車修理施設があるというのは、地政学的に見てもたいへん有利です」（飯柴氏）

「兵站というのは鈍重です。整備・修理、補給の施設を展開、稼働させるには、相応の時間と事前の準備が必要です。そのため、修理工場の建設、弾薬・物資の集積、兵站支援要員の配置、複数の後方連絡線の設定など作戦の前に用意しなければなりません」（二見氏）

では、これらの後方整備拠点をロシア軍がミサイル攻撃すれば、NATO軍との全面戦争になるのだろうか。

「可能性は小さいですが、本当に攻撃されたならもちろん、そうなります」（飯柴氏）

後方支援体制を支える韓国製兵器

フィンランド、ポーランド、チェコ、ルーマニアのNATO加盟諸国の後方支援体制は、ウクライナ戦争の長期化への備えだろうか？

「それよりも、プーチンがやろうとしている〝ネオソ連構築〟に対抗するための布石だと思います。モルドバの沿ドニエストル共和国、ジョージアのオセチア共和国、アブハジア共和国など、ロシア製未承認国家群が次の戦争の火種となります。それに対する一手と見るべきです。ジョージアに暮らす私の友人は『ウクライナ戦争が終わったら次はジョージアだ』と震え上がっています。何しろ首都、トビリシからオセチア国境（軍事境界線）まで30キロメートルしか離れていません。ロシア

フィンランドのパトリア社が開発し、ポーランドKTOロソマク社がライセンス生産するM３装甲兵員輸送車。日本も導入する予定。（写真：ポーランド陸軍）

軍がその気になったら、あっという間にトビリシを制圧できます」（飯柴氏）

これらの動きは次に起こる戦争への対応でもあるということだ。ただ、一方で別の見方もある。

「これだけ後方支援体制を整えることができれば相当な兵器供給量になるので、負けない態勢が出来上がり、いよいよ〝壊滅作戦〟が始まります。それは、完全にロシアが終わりになるまで戦争をやろう、ということです。ドイツも当然、この枠組みに入っていますし、ポーランドはもうそのつもりです。ロシアは侮れないので、完全な体制を作り上げないと完全な勝利はない、という考えがあるのではないでしょうか」（二見氏）

ポーランドの本気度はその兵器調達計画を見

ればわかると、フォトジャーナリストの柿谷哲也氏は指摘する。
「ポーランド陸軍は韓国製のK2戦車を180両輸入し、自国での820両の生産が決定しています。さらに、韓国製の155ミリ自走榴弾砲K9を212両輸入し、これも今後、460両国産します」（柿谷氏）
すると、本気のポーランドがウクライナに引き渡すKTOロソマク8輪装輪装甲車100両に続いて、この国産化した韓国製戦車、自走榴弾砲をウクライナに供与することも十分考えられる。
「米国から流出した機密文書には『韓国製155ミリ砲弾33万発移送計画』の記載があり、ウクライナは米英仏からすでに供与された155ミリ榴弾砲のほかに、ポーランドからK2自走榴弾砲を入手できれば、韓国製砲弾を使えます」（柿谷氏）
作戦の第一線で不足するドイツ製戦車は韓国製戦車で補い、後方からは韓国製自走砲が援護する。そんな機甲戦闘が出現するかもしれない。

［2023年4月26日配信］

ウクライナ軍の総反撃が始まる!?「クリミア奪還作戦」のシナリオとは

ロシア軍の防御配備兵力の薄い弱点を突く

米国機密文書の漏洩問題なども受け、各メディアではウクライナ軍の総反撃がいつになるのかが話題になっている。

一方、ロシア軍も死に物狂いだ。4月12日、時事通信が伝えたところによると、ロシア軍はウクライナ南部のザポリージャ州メリトポリ北部に全長約120キロメートルにも及ぶ三重構造の防御線を築いたという。また、4月22日の読売新聞は、その防衛線は総延長800キロメートルにも及ぶと報じた。この状況を踏まえて、元陸将補の二見龍氏は両軍の戦況を次のように分析する。

「陣地防御では正面幅10キロメートルと縦深（最前線から後方部隊までの距離）10キロメートルを守るのに1個師団が必要です。すると、メリトポリ北部正面で12個師団10万人。全長が800キロメートルならば80個師団、計67万人の兵力が必要です。そのような大兵力は今のロシア軍は持っていません。そのため、ロシア軍の防御方式は広正面防御になります。当然、ウクライナ軍は敵の防御配備兵力の薄い弱点を突きます」

ウクライナ軍はどんな兵力、装備と投入し、どのような攻撃方法をとるのだろうか。

「私ならば戦力を逐次投入するのではなく、必要な戦力を集中的に運用してロシア軍の第一線陣地を一挙に打通し、引き続き、攻撃衝力を維持して奥深くまで打通していきます。メリトポリ北側の正面は、砲撃を主体とした1個旅団程度の兵力で攻撃を仕掛けます。これはロシア軍を吸引し、最前線に張りつけるための陽動作戦であり、助攻撃です。ウクライナ軍の主攻撃は、ロシア軍防衛線の薄いところにNATO軍の装備品を有する最強の6個旅団、兵力2万4千人の打撃部隊（打撃旅団）によってロシア軍の陣地を一挙に破壊します。」（二見氏）

打撃旅団はドイツのレオパルド戦車とイギリスのチャレンジャー戦車を計180両。ドイツのマルダー歩兵戦闘車と米国のブラッドレー歩兵戦闘車が600両で編成されている。

「NATO軍の戦車はネットワーク戦闘が可能なので、ドイツの戦車がレオパルドA7クラスならば、迅速で正確なターゲティングにより、従来のウクライナ軍が保有するT72の10倍の戦闘力を発揮するでしょう。ネットワーク戦に対応できる戦車ならば、ロシア軍戦車の射程外から目標発見、即時射撃、撃破ができます。この強力な打撃旅団により、マリウポリ北西から入り、アゾフ海まで抜けます」（二見氏）

「死のクリミア大橋」

ロシア軍防衛線を突破した地点から、続いて第2梯隊「掃討旅団」が入る。

「ロシア製のT72戦車1８０両とBTR装甲兵員輸送車６００両を装備した6個旅団兵力2万4千人が戦域を掃討していきます。ウクライナ軍打撃旅団はメリトポリのロシア軍防衛線の側面の軟弱なところに突破口を開けます。第一線防御陣地を突き抜け、第二線陣地の中に入ってしまえば、ロシア軍の組織的抵抗は崩れます。ウクライナ軍掃討旅団がアゾフ海沿いを一気にクリミア半島の入り口まで進撃します。この時、ロシア軍の防御組織が崩壊し、クリミア半島へ敗走する場合、レオパルド戦車を使うウクライナ軍打撃旅団により追撃しますが、そのままクリミアへ突進します。続いて、掃討旅団が奪還した地域の残敵を掃討していきます」（二見氏）

このようにロシア軍が〝壊滅的敗走〟とまでは、いかない場合はどうするのだろうか。

ドイツ陸軍が約170両を装備するレオパルド2A6戦車の一部はウクライナに供与された。（写真：柿谷哲也）

「ウクライナ軍打撃旅団はクリミア半島の入口を越えて中に入り、橋頭堡を築いた時点で予備兵力の旅団と交代し、整備・補給などに入り、戦力回復を図ります。同時に、そこはロシア軍の空爆を受けますから、対空火網を前進させます。ウクライナ軍は供与された地対空ミサイル、対空戦車『ゲパルト』、携帯地対空ミサイル『スティンガー』で防空態勢を早急に築く必要があります」（二見氏）

ここまでの作戦が成功すれば、クリミア半島には数万人単位のロシア軍敗残兵が溢れている状態になっているであろう。

「クリミア奪還の仕上げに入ります。クリミア大橋は破壊せず、ロシア軍敗残兵が渡り始めると、車両と人員で大渋滞が発生します。その時、手前から遠方に戦車砲、次に105ミリ榴弾砲、155ミリ自走榴弾砲で徹底的な砲撃により撃破します。湾岸戦争で米軍がやった〝死のハイウェイ〟の砲撃版です。そして、クリミア大橋がロシア軍敗残兵でいっぱいになった時点で、高機動ロケット砲システム『ハイマース』で橋を破壊します。兵員と装備を壊滅させることによって、次の作戦に転用できないようにします」（二見氏）

まさに「死のクリミア大橋」の様相である。ただ、このようなウクライナ軍の反撃はいつ始まるのだろうか。

「米国機密文書が漏洩し、ウクライナ軍の5月反攻は困難だといわれていますが、逆に5月にやれば、ロシア軍としては奇襲されることになります。8月になれば戦力的には十分にはなりますが、今度はその後の冬の到来で、攻撃期間が3か月短くなります。2024年5月ならば、米国から供与されるM1エイブラムス戦車もすべて揃いますが、ロシア軍の防御準備も整うことになる。そうすると、敵が弱体化している時に叩かなければなりません。私ならば、5月よりも6～8月にやります。今、南部にいるロシア軍はハイマースでだいぶ叩かれて、ロシア軍の砲兵、補給・兵站、通信などの部隊がかなり損耗しているからです。前述した反撃作戦がうまくいけば、秋までにクリミアの入り口に到達しています。その2週間後にはクリミアに入り、1か月後この地域を確保したうえで、民間業者の力も使い、航空基地、レーダーサイト、兵站基地を作って半島を要塞化しなけれ

ばなりません。警戒・警備、地域の安定化を行なうことも考えれば、かなりの人員や資材が必要になります」（二見氏）

ウクライナ軍がドニプロ川を渡河して、ヘルソン南部に拠点を設けたとの報道もある。

「ヘルソンから渡河攻撃すれば、クリミアからは最短距離なので、私ならば、ここを利用した陽動作戦を発動します。その後は渡河が可能な橋を架けて、補給品を送り込みます。クリミアでロシア軍戦力を徹底的に漸減できれば、2023年の冬までには戦局の帰趨も見えてくるでしょう」（二見氏）

このようなシナリオでウクライナ軍の「クリミア奪還作戦」が成功すれば、ロシア侵攻開始から2年を待たずに戦争終結の可能性も出てくるかもしれない。

（編集部追記：2023年6月6日、南部ヘルソン州のカホフカ水力発電所のダムが破壊され、ドニプロ川の両岸地域で大規模の浸水被害が発生し、この方面からの渡河作戦は一時、困難な情勢となった）

［2023年5月17日配信］

ウクライナの「バフムト奪還作戦」始まる。ついに大反攻が現実になった！

バフムト攻防戦、その戦いの分水嶺

5月15日の産経新聞は「ウクライナ、バフムト周辺で陣地10か所以上奪取か、露軍大佐2人戦死」と報じた。ロシア軍に押し込まれていたウクライナ軍がついに反撃し、奪還に向けて動き始めたようだ。バフムトをめぐる戦況、ウクライナ、ロシア両軍の動向については、2023年3月20日配信の「ワグネル傭兵部隊による決死の突撃」で分析、予測した。

その記事では、ウクライナ軍が数か月かけてワグネルの〝突撃兵〟を損耗させつつ、数メートル単位で「後退殲滅作戦」を実施したもようだと解説したが、その戦いの流れが変わった瞬間に関して、元陸将補の二見龍氏は次のように分析する。

「ワグネル傭兵部隊のトップであるプリゴジン氏が『弾がない』と、戦いの実情を明かした4月30日前後が戦いの分水嶺だったと思われます」

戦況に関する諸報道から推測すると、ウクライナ軍は5月13日にはすでにバフムトの市街地をほとんど取られているが、市街地の西側にある高地の防御陣地は落ちていない。ウクライナ軍はそこから、三方向に反撃を開始した。一つ目はロシア軍の北側に回り込むように、バフムト市街地北西部へ反撃開始。二つ目は南部のイワニフスから、ロシア軍陣地へ反撃。両地とも守っていたロシア軍は後退敗走した。そして三つ目が最前線、ベルヒフカまでウクライナ軍は市街地を奪還している。

しかし、ここでもう一つ、ウクライナ軍の別の動きがあった。5月13日の産経新聞は「ウクライナ軍、バフムト周辺で大規模反攻か、露『撃退した』」と伝えたが、これはロシア側の報道によるものだ。バフムト市街地から北東14キロメートルにあるソレダルにウクライナ軍が攻め込み撃退したとある。報道によると、「ウクライナ軍の兵力は1000人以上、戦車が最大で40両参加し、長さ95キロメートルの範囲で行なわれた」という。

この動きに関しても、2023年4月4日配信の「一進一退の激戦が続く『バフムト攻防戦』」の記事で二見氏は次のように解説した。

「ロシア軍は戦線を縮小しなければならない状況ですが、このバフムト近郊から後退するタイミングが弱点となるのです。打撃部隊である機械化歩兵旅団3個が、南北どちらかからロシア軍陣地の薄いところを狙って、T72戦車90両、BTR装甲兵員輸送車300両に歩兵3000人を乗せ、155ミリ自走榴弾砲の援護射撃を受け、機動打撃を行ないます。（中略）バフムト市から東に20キロメートルの深い地点まで打撃部隊を突進させるのです」

ロシア軍をバフムトに引き付けて南部から大反撃

ウクライナ軍は実際にソレダルにおいて、ロシア軍陣地のはるか後方で1個旅団による攻撃を仕掛け、ロシア軍はそれを撃退したようだ。記事では二見氏が予測した作戦では、バフムトにいるロシア軍をウクライナ軍が包囲殲滅する作戦の一端だが、今回は少しちがう作戦だと二見氏は言う。

「バフムト市街地で戦うと損害が出るので、ウクライナ軍はバフムトに関しては市街地を砲撃で叩き、市街地の南北の地域を地上軍で押さえ込み、補給路が遮断され包囲される危機感を与え続けながら、ロシア軍が増援して来るのを確実に叩き潰していくでしょう」

すなわち、ロシア軍をバフムト市街地とその周辺に誘い込み、次々と叩き潰していく作戦である。そうなると、このバフムトからウクライナ軍の大反撃が開始されるのだろうか？　二見氏はそれを否定する。

「ウクライナの出方を読むのであれば、情報が少ないなかで戦略的な妥当性から考えなければなりません。まず、南部地域の補給路の切断は、クリミア攻略とアゾフ海一帯の回復の重要性から必ず行なわれます。では、バフムトでの狙いは何か。ウクライナ軍がバフムト南北の地域を確保し、バフムト市街地を包囲する形をとることによって、ロシア軍は、ウクライナ軍に包囲されないように北と南の地域へ増援して包囲環の形勢を阻止しようとします。この状態を継続してロシア軍を吸引しながら、漸減を行ないます。ロシア軍補給線をあえて残して、その弱点を狙い続けるのです。

この方法は、ヘルソンで陽動するよりも、ロシア軍兵力を吸収するとともに漸減もできます。東部地域の兵力が薄くなったところに、ロシア製兵器を使用するウクライナ軍部隊が打撃を加え、東部の失地回復をクピャンスク、クレミンナ付近から行ないます。こうなると、南部の防御用戦力も転用する必要性が出てくるので、ロシアは南部の予備隊を東部地域へ移動させて態勢を強化せざる得なくなります。その時に、ウクライナ軍は南部から大反撃を開始します。そのため、東部と南部の攻勢の時期はずれるでしょう。並行して、この間に長距離精密誘導兵器により重要拠点を叩き

続けることによって、さらに攻撃を有利に行なえる態勢が整います」（二見氏）

ロシア製の兵器、戦車主体のウクライナ軍のバフムト近郊および東部地域での攻勢により、ロシア軍が南部やクリミアから兵力を転用せざる得ない状況が出来上がる。その好機を捉えて、南部に打って出るのだ。その時、切り札としてイギリスやドイツ製の戦車を使い、ロシア軍の防御陣地を一気に打ち抜くであろう。

「5月のゼレンスキー大統領の各国訪問は、この作戦の説明と支援の継続を依頼するためだったと考えられます。クリミアに行く際に、ウクライナはどうしても態勢を立て直す必要があるので、防空兵器、戦闘機、長射程精密誘導兵器を含む弾薬の供給が必要となります。おそらくこの話もしているのでしょう」（二見氏）

空軍の戦闘機、それも米国製F-16がウクライナ軍の戦力強化の切り札となりつつあるが、ゼレンスキー大統領の英独仏訪問でパイロットの訓練は開始されるが、どの国からも戦闘機供与の話は出てこない。ウクライナ軍はスロバキア、ポーランドから供与されたNATO仕様のミグ29と、イギリスから供与された射程250キロメートルのストーム・シャドウを駆使して、大反撃を仕掛けなければならない。

［2023年6月20日配信］

ついに始まった「ウクライナ大反攻」そのゴールはどこだ？

半年かけて構築した攻撃と守備が激突

ロシアの侵攻開始以来、常に戦況分析を提供してきたアメリカの戦争研究所は、ウクライナ軍が6月4日に大規模な反転攻勢を開始したと発表。ゼレンスキー大統領も10日、詳細は明かさなかったものの「すでに始まっている」とその事実を認めた。

2022年秋に北東部ハルキウ州と南部ヘルソン州でウクライナ軍が一部の領土を奪還した後、冬から春にかけて戦線は膠着状態が続いていた。ウクライナ軍はその間ロシア軍の圧力に耐えながら、米欧からの供与兵器の訓練や作戦の構築を行ない、満を持しての大反攻となる。元米陸軍大尉の飯柴智亮氏は戦況を次のように分析する。

「ウクライナ軍がロシア軍に占領された全地域を自力で奪還することは、現状では難しい。地政学的に見て、最も優先したい目標はクリミア半島の完全奪還ではないかと私は考えています。東部での作戦はあくまでも〝奪還するふり〟の陽動で、本命はクリミアでしょう」

戦国時代の攻城戦になぞらえて表現するなら、〝本丸〟はクリミア半島。その入り口につながるヘルソン州からザポリージャ州南部のアゾフ海沿岸地域が、本丸を落とす前に奪還する必要がある〝二の丸〟だ。

ウクライナ軍の大反攻といえば、2022年9月にハルキウ州の大部分をわずか数日で電撃的に奪還した成功例が記憶に新しい。しかし、今回はあのように敵の虚を突く奇襲作戦は望めず、ロシア軍が半年かけて築いた千キロメートルに及ぶ防衛線を正面突破するかたちになる。

しかも、ウクライナ軍の攻勢の先鞭となる威力偵察が本格化し始めた6月6日には、ヘルソン州のカホフカ水力発電所のダムが破壊され（破壊したのはロシア軍との説が有力だが特定はされていない）、下流域両岸約600平方キロメートルが浸水した。元陸将補の二見龍氏はこう言う。

「ダムの決壊により、ウクライナ軍はクリミア半島への最短の攻撃経路、つまりヘルソン州西部からドニプロ川を渡河して進軍するルートを当分の間は使えそうにありません。一方、ロシア軍はド

2022年カホフカ水力発電所に展開したタルナード多連装ロケット。弾頭を軽くした破砕性弾頭で射程40㎞、弾頭25kgの成形炸薬子弾では射程30㎞。（写真：ロシア国防省）

ニプロ川東岸に展開していた兵力をザポリージャ方面に回すことができ、当然、こちらの守りは堅く、厚くなります」

ここまでの戦況から見えている「主攻撃軸」は、〝二の丸〟を横断するロシア軍の補給線を分断するための南向きの攻勢だ。この戦線に投入されるウクライナ軍の決戦兵力を二見氏は次のように推定する。

「ウクライナ陸軍の最強戦力はNATO（北大西洋条約機構）軍の装備品を有する6個旅団。戦車はドイツのレオパルドとイギリスのチャレンジャー、合わせて180両、歩兵戦闘車はドイツのマルダーとアメリカのブラッドレー、合わせて600両、兵力2万4千人の打撃旅団です。ウクライナ軍はまず南部戦線の複数の地域で攻勢を仕掛け、ロシア軍戦力を分散させながら、前線よりもかなり奥にあるロシア軍の指揮所や弾薬燃料集積所などの兵站《へいたん》施設、控置している予備部隊を砲撃する。次に中間地帯にあるロシア軍砲兵陣地、戦車、装甲車などの集結地を砲撃しました。そして、主陣地の線がどこにあるのか探るための偵察攻撃を開始しましたが、6月15日現在では主攻撃は未着手です」

しかし、すでにレオパルトやブラッドレー、フランス製の軽戦車AMX・10RCが撃破された事例もある。戦車同士の正面戦闘では分が悪いロシア軍は、対戦車ヘリによる攻撃やドローンによる偵察、砲撃誘導を駆使してウクライナ軍の進軍を妨害しているのだ。ドローンの戦術に詳しい、元空将補の杉山政樹は次のように話す。

「これはまさに、開戦当初にウクライナ軍が大きな戦果を挙げた戦法です。ウクライナ軍は戦車の安全な運用地域を確保するために、ロシア軍ドローンへの対処を行なわざるをえない。全体の進撃速度を調整し、ドローンが飛行する低高度空域の航空優勢を獲得してから本格的な進撃となるでしょう」

アゾフ海沿岸まで出れば進軍が加速する可能性も

対戦車ヘリやドローンの攻撃を防ぐための〝地ならし〟を経て、ウクライナ軍の主攻撃が始まるタイミングは、順調にいけば6月19日前後からになると二見氏は予測する。

「まずはロシア軍の主陣地を潰す砲撃です。陸上自衛隊の一般的な作戦計画では、この『攻撃準備射撃』は3日間かけて行ないますが、ウクライナ軍は、おそらく4日から10日間ほどかけるでしょう。1日で戦車を20両撃破すれば、10日で200両、2個戦車連隊を壊滅できます。その後の主攻撃軸はザポリージャから真南のメリトポリに向くか、南東のマリウポリ方面に進撃するかのどちらかで、守るロシア軍もまだ見極められていないはずです」

ウクライナ軍打撃旅団は、ロシア軍の守備を突破してアゾフ海沿岸まで出られれば、道路や鉄道の要衝などを押さえてロシア本国からクリミアまで続く補給路を断つ。そして、東側に向けて旧ソ連製戦車を中心とする守備部隊を張りつけ、主力の打撃旅団はクリミア半島の入り口を目指して西進する。これが主攻撃軸の進軍シナリオだという。

「アゾフ海沿岸までウクライナ軍打撃旅団が達するのは、最もうまくいくケースで2週間から1か月程度。ただ、その先の西進は加速する可能性があります。北向きに作られたロシア軍の防御陣地は、真横からの攻撃に脆弱だからです。もし防御が崩れてロシア軍が一斉に敗走を開始すれば、クリミア半島の入り口まで10日間ほどで到達できるかもしれません」(二見氏)

ただし、すでに見えているロシア軍の守備の堅さ以外にも不確定要素がある。ロシア軍がザポリ

カホフカ水力発電所のダム破壊により洪水に見舞われたヘルソン市街地。(写真：ウクライナ緊急事態省)

ージャ原発を占拠し、砲兵陣地として聖域化していることだ。もしウクライナ軍が快進撃を見せた場合、原発を〝人質〟にして脅しにかかってくる可能性もある。

「原発災害は欧州全体に関わる問題になりますから、ロシア軍が心配を煽れば煽るほど、〝人質〟の価値ははね上がります。また、前線での戦いにおいても、ウクライナ軍は原発を障害として回避し、安全を確保しながら孤立化させなければなりません。とにかく重要なことは、情報戦に踊らされることなく冷静に対応し、ロシアとは決して取り引きをしないことです」(二見氏)

ともあれ、半島の入り口まで到達できれば、〝本丸〟クリミアは一気に落城……、となればいいのだが、話はそう単純ではない。

「クリミア半島につながる陸路は細く、隘路となっているため、ここから戦力を推進しているときに空爆を食らうと一網打尽になります。しかも、このあたりにはウクライナ軍の〝防空の傘〟も届かない。したがって、陸上兵力が半島に進軍するには戦闘機による航空支援が欠かせないのです」（杉山氏）

F‐16を投入できれば戦況は一変する

しかし、すでにウクライナ空軍はかなり消耗が激しく、戦力が低下している。各国の航空戦力に詳しいフォトジャーナリストの柿谷哲也氏はウクライナ空軍の現状を次のように指摘する。

「報道から推定できるウクライナ空軍の残存機数は、開戦前に50機あったミグ29がポーランドからの供与分含め残り40機弱。スホーイ27、30は10機撃墜されており、合わせて残り20機程度。さらに当初30機あったスホーイ24は10機未満、スホーイ25も15機まで減っています」

この機数でいま、ウクライナ空軍はどのように戦っているのか。杉山氏は次のように言う。

「最前線近くまで行くとロシア軍の地対空ミサイルS‐400に簡単に撃ち落とされるため、ウクライナ陸軍への航空支援はまったくできていません。たとえばミグ29は上空で待機しながら、無人機や巡航ミサイルを撃ち落とす防空任務にあたっていると思われます。いまの戦況は、本来ならイギリスから供与された長距離ステルス巡航ミサイル『ストーム・シャドウ』を使って進撃を助けるべき場面です。しかし、ウクライナ空軍にはストーム・シャドウを搭載して展開できる航空戦力がなく、週に数発も撃てていないのが現状です」

となると、頼みは欧米からの供与が決定し、パイロットの訓練が間もなく始まるF－16戦闘機だが、実戦投入にはまだまだ時間がかかりそうだ。

「すでに別の戦闘機で経験のあるパイロットの場合でも、F－16を乗りこなすには米軍の標準的な教育で約10か月かかる。また、整備士の訓練にも1年ほど必要です。さらに、F－16を運用するためにはウクライナ軍の航空基地の滑走路をソ連式の継ぎ目の多いコンクリートから、米空軍基地のような滑らかな滑走路に改修する必要もある。これらのことを考えると、F－16が本格的に配備可能になるのは2024年5月頃になりそうです」（柿谷氏）

実際、ウクライナのレズニコフ国防大臣もNHKの単独インタビューで「F－16は今回の作戦には参加できない」と明言している。

つまり、次の冬の泥濘期までをリミットとする今回の反攻作戦は、南部においてはクリミア半島の入り口が「ゴール」となる。ロシア軍の堅い防御を突破してそこまでたどり着いたとしても、その先はおそらく来春以降になるということだ。ただし、F－16が投入された後は状況が一変すると

フランスとイギリスが開発したSCALP-EGストーム・シャドウ巡航ミサイル。射程560km。終末誘導は赤外線画像シーカーによる。(写真：柿谷哲也)

杉山氏は言う。

「2024年になれば、F-16を組織戦闘のネットワークに入れることができます。対レーダーミサイル『HARM（ハーム）』を搭載してロシア軍の対空レーダーを破壊したり、『ストーム・シャドウ』でロシア国内の軍事拠点を潰したり、ロシア領内の上空からクリミア半島へ長距離ミサイルを発射しようとするロシア空軍機を『AMRAAM（アムラーム）』ミサイルで撃墜したりと、多様な攻撃が可能になるでしょう。さらに、空対艦ミサイルでロシア海軍の黒海艦隊を撃滅する、『マーベリック』ミサイルでロシア陸軍の戦車、装甲車を各個撃破するような使い方も考えられます」

すると、2024年にはいよいよクリミア半島を奪還し、東部も含めた完全勝利が見えてきてもおかしくない？　しかし、杉山氏はこう指摘する。

「F-16を手に入れたウクライナ軍がネットワークを活かした組織戦闘を始めれば、ロシアは戦争に負けることになります。そうなったときに懸念されるのは、プーチン大統領が核のボタンを押すこと。もちろんウクライナ国民としては全領土の奪還が絶対条件だと考えているでしょうが、少なくともロシアと西ヨーロッパ諸国は、そうなる前にこの戦争の〝落としどころ〟を探る方向に動いてもおかしくないと私は思います。アメリカにしても、プーチンにボタンを押させるような事態にはしたくないというのが本音です。そして、おそらくゼレンスキー大統領もそのことはわかっているでしょう。今回の反攻作戦はまだ空軍力という重要な駒がないなかで、どこまで行けるかわからないかたちでスタートしていますが、政治的には『戦争の終わり方を探る』タイミングでもあるわけです」

軍事的にも政治的にも、「ゴール」を見極めるための重要な反攻作戦が、現在進んでいるといえるだろう。

［2023年7月28日配信］
ウクライナへの供与兵器のベストパフォーマンスを検証する

ハイマース・ATACMSの供与へ

高機動ロケット砲システム「ハイマース」から発射できる射程300キロメートル地対地ミサイル「ATACMS」の米国からウクライナへの供与が取り沙汰されるなか、クラスター弾の供与が決定した。さらにフランスからは長距離巡航ミサイル「ストーム・シャドウ」が供与されるようだ。これらの兵器は最前線でどう使われるのだろうか？

7月17日にロシア軍の補給ルートの寸断を狙い、クリミア大橋が再び攻撃された。無人自爆攻撃艇2隻が橋脚に突入、破壊に成功した。その後、ウクライナ海軍は、この攻撃への関与を認めた。

元海将の伊藤俊幸氏は、この一件に関してこう語る。

「橋脚を破壊するならば水上ドローンで破壊可能です。2000年にイエメンのアデン湾でアメリカの駆逐艦『コール』がボートによる自爆テロ攻撃を受けた事件では、この小型ボートに積まれていた爆薬は300キログラムくらいと推定されていますので、クリミア大橋を攻撃した自爆艇の爆薬は同等かそれより少し多いかと思います。ダムのような構築物ではその内部まで爆発物を仕掛けないと破壊は困難ですが、鉄筋とコンクリートだけでできている橋脚ならば、ミサイル、無人機による爆弾で破壊可能です」

クリミア大橋はアゾフ海の沿岸から150キロメートル。ロシア軍はそこから内陸へ100キロメートルの地域を占領している。現在、ウクライナ軍が保有する兵器で最も射程距離が大きいものは、ミサイルでは「ストーム・シャドウ」の250キロメートルだ。最前線まで戦闘爆撃機スホーイSu24が進出すれば攻撃可能だが、ロシア軍の地対空ミサイルで撃墜される危険がある。ウクライナ空軍にはSu24は数機しかない。しかし、射程300キロメートルの「ハイマース」ならば届くのだ。

7月15日、CNNは「ウクライナへのハイマース・ATACMSの供与に関して、米国の決定は非常に近い段階にあると、ゼレンスキー大統領の側近が語った」と報道した。このハイマース・A

アメリカ海兵隊による「ハイマース」からのロケット弾発射訓練。射程約300㎞。アメリカ軍の防衛ドクトリンを変えるほどの兵器がウクライナに供与される。（写真：アメリカ海兵隊）

ＴＡＣＭＳは、ウクライナ軍の〝反転攻勢〟にどのような効果をもたらすのだろうか。

現在、クリミア半島とウクライナに近いロシア領内の航空基地には約３００機のロシア空軍機が集結しており、まず、このロシア空軍の航空優勢に対抗しなければならない状況だ。

ハイマース・ＡＴＡＣＭＳには6発のＢＡＴ（無動力滑空型誘導式子爆弾）を搭載可能だ。ＢＡＴは３００キロメートル飛翔し、一度に6つの目標を破壊する。ＡＴＡＣＭＳを50発撃ち込めば、ロシア空軍機を全滅させることも可能なのだろうか。

元空将補の杉山政樹氏は次のように指摘する。

「結論から言うと無理です。航空基地攻撃を面で制圧するのは非常に困難です。ロシア空軍はいま、かなり注意を払いながら作戦を実行しているので、地上で航空機を撃破するのは不可能です。ウクライナの空軍力に関していえば、アメリカとNATOからF-16戦闘機が大量に供与されない限り難しい状況です」

F-16の運用は2024年の後半

世界の空軍力に詳しいフォトジャーナリストの柿谷哲也氏はこう語る。

「ハイマースで撃つ対地ミサイルやクラスター爆弾、155ミリ榴弾砲M777で撃つクラスター弾、そしてPAC2中距離地対空ミサイルと同様の効果が得られる武器は、F-16からでも撃つことができます。F-16から運用できる利点は、発射位置を自由に短時間で選べること、そして目標を柔軟に設定できることなどがあります。しかし、ウクライナ空軍がF-16を運用できるのは2024年の後半以降になると予想されるので、それまでのつなぎの兵器が必要になるわけです」

ならば、地対空防空火網を整えれば、ロシア空軍の航空優勢を阻止できるのではないか？　2023年5月には、ウクライナ軍は射程距離160キロメートルの地対空ミサイル「パトリオット」でロシア空軍のSu30、Su35を撃墜している。

在韓米空軍基地を防空する地対空ミサイル・パトリオットPAC-2。供与を受けたウクライナは東部の都市部に配置するのか。(写真：柿谷哲也)

いまのウクライナにはそれが2セットあるが、7月13日にCNNは、「独、地対空ミサイル『パトリオット』をウクライナに追加供与へ」と報じている。ドイツは2023年6月16日には、パトリオット64発をすでにウクライナに渡している。加えてオランダからもPAC2（パトリオット・システム）が供与される予定だ。

「PAC2で何を守るかが重要です。韓国では在韓米空軍基地に6基の発射機（24発）を常に北朝鮮に向けて配置しているように、基本的には航空基地などの局地防空用の兵器です。また、飛行場以外を守る例として、イスラエルは基地司令部、サウジアラビアは石油施設に配置しています。移動することが前提の車両部隊や機甲部隊の随伴には向いてません」（柿谷氏）

ウクライナに配備されたパトリオットが南部に配備されれば、低空で飛来するSu25などの対地攻撃機には大きな脅威になるのではないだろうか。

「まず無理でしょう。運用に大きな危険をともないます。クリミア半島を離陸したロシア軍のSu25の情報を、NATOの早期警戒管制機から得てパトリオットを発射すると、その発射情報をキャッチしたロシア空軍のSu30、Su35に搭載した長射程の空対地ミサイルで狙われれば、1発でやられてしまいます」（杉山氏）

威力を発揮するクラスター弾

射程300キロメートルのハイマース・ATACMSと、射程160キロメートルのパトリオットだけでは、ウクライナ南部上空の300機にも上るロシア空軍の航空優勢はひっくり返せない。元陸将補の二見龍氏はこう語る。

「クリミア大橋を攻撃し、ロシア軍のクリミア半島への兵站輸送路を叩くには、ATACMSではなく無人自爆艇を使って、100個以上ある橋脚を狙うべきです。そして、破壊された橋脚が修理されたところで、また別の橋脚を破壊します」（二見氏）

7月12日、CNNは「フランス、ウクライナに長距離巡航ミサイル『SCALP-EG（ストーム・シャドウ)』供与へ」と報じたが、このミサイルは遮蔽物をぶち抜いて内部で爆発する2段式だ。フランスからの供与でストーム・シャドウを手に入れれば、ウクライナ空軍の攻撃手段は増えそうだ。

「ストーム・シャドウはミグ29にも搭載できます。1発をセンターのパイロンに搭載できるようです」(柿谷氏)

これで、射程250キロメートル範囲のウクライナ南部、ロシア占領地帯の鉄道と道路、橋梁を叩き、ベルジャンシクから東側、ロシア本土からの輸送路を遮断することが可能になるだろう。ただ、上空のロシア空軍の航空優勢は変わらない。

「ロシア軍の兵站施設、後方連絡線を断つ攻撃を加える。さらにBDA(爆撃効果判定)を行ない、再攻撃の必要な地点を叩く。ロシア空軍の航空優勢には対しては、まず、中射程と短射程の地対空ミサイルで中距離以下の対空火網の傘を構成します。その傘の中で地上部隊には対自走対空機関砲ゲパルトを随伴させます。最終的な傘は携帯対空ミサイル・スティンガーです。対空火網を構成するためにはまず、ロシア軍の砲兵を潰さなければなりません」(二見氏)

そこでウクライナ軍は、米国から供与されたクラスター弾の使用を開始する。

「アメリカが供与したのはアメリカ陸軍が2016年まで使用していた、155ミリ榴弾砲から

米国が供与するクラスター弾はDPICM（デュアルパーパス改良型通常爆弾）砲弾。最大射程17㎞のM483A1砲弾1発の中に88個の子爆弾を内蔵（右）。DPICM砲弾は155㎜榴弾砲M777でロシア軍陣地に叩き込む。（写真：アメリカ陸軍）

発射できるＤＰＩＣＭ（デュアルパーパス改良型通常爆弾）砲弾のようです。最大射程17キロメートルのＭ４８３Ａ１砲弾は88個の子爆弾を内蔵、最大射程30キロメートルのＭ８６４砲弾は72発の子爆弾を内蔵しているそうです。この子爆弾は、戦車や装甲車などの装甲を『メタルジェット』噴流により破孔を開ける成形炸薬弾になっており、戦車や装甲車が集まっている地域の上空に撃ち込みます。砲弾が目標の上空で破裂すると、中から子爆弾が放出します。1個の子爆弾は地表で爆発、致死範囲は約10平方メートル。高高度で炸裂させると、野球場3個分の範囲に子爆弾の雨を降らすことができるといいます。アメリカが供与するＭＬＲＳ

（多連装ロケットシステム）は、クラスター弾を効果的に発射できる火砲です。最大射程30キロメートルの227ミリロケット弾M77は、644個の子爆弾をばら撒くことができます」（柿谷氏）

二見氏はその運用について次のように解説する。

「陸上自衛隊では1992年度からMLRSを導入しましたが、当時、いちばん火力として効果を期待したのはブロック2のクラスター弾でした。侵攻してくる敵部隊を〝面〟で制圧できる火力でしたが、『クラスター爆弾禁止条約』で使えなくなったのは残念でした。このクラスター弾は、地雷原の処理に使用しても未処理部分が発生するため、この砲弾だけでは完全ではありません。しかし塹壕や陣地に立てこもる歩兵に対しては威力を発揮します。ロシア軍の陣地の前面に地雷原など障害が構成されていると、ウクライナ軍の攻撃部隊は障害処理のために停止します。そこをロシア軍陣地から各種火砲により攻撃部隊は前進を阻まれ撃破されてしまいます。障害は攻撃を阻止する陣地からの火力と組み合わされて、威力を発揮します。ロシア軍の防御を崩すには、陣地に配置されている砲兵部隊を徹底的に壊滅させなければなりません。ウクライナ軍は155ミリ榴弾砲によりクラスター弾を撃ち込みます。ロシア軍から砲撃されれば、砲迫レーダーによって位置を特定し、長射程の火砲で対砲兵戦を展開します。とくに射程80キロメートルのハイマースが、ここで威力を発揮します」（二見氏）

対砲兵戦でハイマースが威力を発揮するのはなぜなのだろうか。

「砲迫レーダーといわれる装置があります。これは、敵の砲迫射撃の弾道から瞬時に敵の砲迫の発射地点を標定できます。そして、3分以内に反撃が可能です。ロシア軍も砲迫レーダーを保有していますが、西側の砲迫レーダーのほうが優れています。ハイマースは展開して全弾発射後、30秒で撤収できます。そのため、ロシア軍はハイマースを潰すことができないのです」(二見氏)

南部最前線をどう突破するか

ロシア軍の砲兵火力を潰すとともに、それに続く地雷原などの障害処理、ロシア軍陣地の突破はどのように行なうのだろうか。

「地雷原手前で停止したウクライナ軍機甲部隊の情報を得たロシア軍の指揮所は、対機甲火力発揮を命じます。戦車砲、対戦車ミサイル、砲兵が一斉に射撃を開始します。さらにドローンによる攻撃も加わります。そのため、ロシア軍の砲迫部隊の事前制圧は非常に重要となります。ウクライナ軍はクラスター弾により、防御陣地に配置されているロシア軍の対機甲火力戦闘部隊と対歩兵部隊を戦力発揮ができないところまで破壊する必要があります。地雷の除去作業は夜間やロシア軍航空機が飛べない悪天候の日に行ない、煙弾、さらに発煙機などを使い、ロシア軍の視界をふさぎます。発煙装置は風がなければ数時間程度、周囲が視認できなくする能力があります。また、地雷原爆破装置は3分程度で地雷原を処理できます。戦車が通過できない対戦車壕や地雷原を組み合わせた複合障害の場合、装甲ドーザーで対戦車壕を埋め戻し、戦車が通れるようにしなければなりません。続いて、地雷処理ローラーを装備した装甲車両で、地面のデコボコと未処理部分の地雷を処理します。この作業は迅速にできます。20分間で300メートルは可能です。地雷原突破口は1個中隊に1本が基準です。2個旅団が同時に突撃するならば12本必要です」(二見氏)

そして、最後の切り札として、イギリスやドイツから供与されたチャレンジャー、レオパルドなど戦車の出番となる。第一線陣地を撃破しても、ロシア軍には第二線陣地がある。

「陣地防御は第一線に重点を置きます。ロシア軍は予備部隊を第一線陣地で撃破された部隊の穴埋め、増強のために使用します。また、ウクライナ軍に占領された陣地を奪回するための逆襲と侵入部隊への機動打撃を行なうため、第二線陣地の配備は十分な状況ではありません。機動打撃のための経路も地雷がなく使用できます」(二見氏)

いよいよ切り札のウクライナ軍機甲旅団がアゾフ海を目指し、突進を開始する。うまくいけばアゾフ海まで到達できるだろう。

「それをやる時は、持てる火力すべてで、ロシア空軍の航空作戦基地を面で攻撃します。そして1

突撃路を進むウクライナ機甲部隊を上空で守るのはミグ29。（写真：ウクライナ国防省）

～2日は使えない状況にして、アゾフ海まで攻め込むかたちを作ります。その場合、ウクライナ空軍は全滅を賭しての攻撃となるでしょう」（杉山氏）

ウクライナ軍機甲旅団はアゾフ海まで、どれくらいで到達できるのだろうか。

「この決戦を選択するかどうかは大きな決心をしなければなりません。あえて行なうとしたら、突破してから奪還した地域を確保して、戦車などの重戦力を進出させるとともに、対空火網の傘の展開、兵站線も延伸しなければなりません。いくら急いでも7日以上はかかるでしょう」（二見氏）

ウクライナ空軍の全力を投入する総攻撃でも、航空優勢を確保できるのは1～2日しかない。その後ウクライナ軍切り札の機甲旅団は、ロシア空軍の攻撃で殲滅されてしまう。ウクライナ軍には勝機があるのだろうか。

「NATOはウクライナ軍にキーとなるようなツールを渡していません。与えていないのはウクライナ軍に全軍を出撃させるためです。ウクライナはいま、この一か八かの賭けに出ていく以外にない、というのが私の見方です」（杉山氏）

キーとなるようなツール、それはずばり、F－16戦闘機だ。

「陸からの総攻撃でアゾフ海まで行くのが難しければ、第一線を突破したら一気に攻めず、対空火網とともに少しずつ前進して、ロシア陸空軍の戦力を1か月程度の時間をかけて漸減させるべきです。するとロシア軍は兵力を南部、西部に移動せざるを得ません。そこをウクライナ空軍のストーム・シャドウと、ウクライナ陸軍のハイマースで撃ち込むのです」（二見氏）

杉山氏はロシア空軍の次の一手をこう見る。

「今後、ロシア軍は都市部、港湾部などに、徹底的にミサイルや無人機で攻撃してくると思います。だから、アメリカはホワイトハウスにも配備されている防空ミサイルを供与しています。ロシア軍は地上からの侵攻ができない代わりに、徹底的に航空攻撃を加えてくるでしょう」（杉山氏）

ウクライナ軍は一か八かの、全力を注ぎ込んだアゾフ海への進撃を始めるか、または最前線では南西部で1メートル単位でも奪還を試みる激戦を繰り返す。F－16というカギとなるツールが手元にない以上、今はそうして時間を稼ぐしか打つ手がないようだ。

おわりに

ロシアによるウクライナ侵攻が始まってから、週プレ（週刊プレイボーイ）軍事班は一気に忙しくなりました。戦争の展開が早いため、週刊誌のペースでは戦況の変化に追いつけないほどでした。そこで本誌の地代所哲也編集長に相談したところ、ネット配信の「週プレNEWS」を紹介されました。ネット配信であれば、掲載日に縛られることなく、記事を読者に届けることができます。はじめは週プレNEWS副編集長の藤枝一郎氏（現・本誌グラビア副編集長）に編集を担当していただき、多い時は、通常の軍事ネタを含めて週2～3本のペースで配信したこともあります。現在は週プレNEWS編集長の井上拓也氏が担当を引き継いでくれています。

ネット配信の最大の利点は、即時性です。読者の反応も瞬時に届きます。ウクライナに供与される予定のF-16戦闘機の詳細な型式についての分析など、ほかのメディアが報じない内容には「いいね」の反響が数多く届きます。

ウクライナ戦争関連の記事を書きながらいつも感じるのは、ある種の既視感です。80年前の独ソ戦のイメージと重なるのです。開戦当初のロシア軍による首都キーウへの侵攻は失敗に終わりました。キーウに続く道で一列に並んだロシアの戦車が破壊されている映像を見ましたが、ウクライナとベラルーシの間にはブリピャチ川の湿地が広がり、戦車が機動するには難しい地形です。かつてこの湿地帯でドイツ軍は親独派のウクライナ人のレジスタンスとともにソ連軍と激しい遊撃戦を戦いました。

2022年5月にウクライナ軍が奪還した第2の都市ハリキウ（ハリコフ）も独ソ戦で同様の激戦が行なわれた場所です。ウクライナ東部のドンバス地方の要衝をめぐって当時も今も激しい攻防戦が起きています。

さらにドイツが提供したレオパルド2戦車は、独ソ戦当時のティーガー戦車を思い出させ、ロシア軍の主力戦車T72は、かつてのT34戦車を彷彿させます。現在、ウクライナ軍の反転攻勢はロシア軍が敷いた防衛ラインに阻まれて思うように進んでおらず、ドローンが撮影した塹壕越しに手榴弾を投げ合う両軍兵士の姿は独ソ戦争というより、第1次世界大戦の塹壕戦が再現されているようです。

今回、「ウクライナ戦争」関連の記事を書籍としてまとめるにあたり、あらためて自分の記事を読み返しました。本書『軍事のプロが見たウクライナ戦争』は、開戦から現在に至るまでが時系列で紹介・解説されており、戦争の推移を概観できます。

当初はドローンや対戦車ミサイル「ジャベリン」、スナイパーの戦いが注目を集め、米国の高機動ロケット砲システム「ハイマース」が供与されると戦いは新たな局面を迎えます。そして現代戦でも155ミリ榴弾砲など、重火器による砲撃が勝敗のカギを握っていることがわかります。本書を読めば現代戦がどういう戦いになるかリアルに知ることができます。

ウクライナのゼレンスキー大統領が待ち望んでいたF‐16戦闘機の供与が2024年の早い時期に始まるという報道もあります。また、反攻の主軸である南部ザポリージャ州でウクライナ軍が防衛戦の一部を突破したとの情報もあり、この勢いで交通の要衝トクマク、さらには補給の拠点である主要都市メリトポリ方面に前進し、陸の回廊を分断してクリミアへの補給路を断つことができるのか注視しています。

さらに、2024年にはロシアと米国で大統領選挙があり、政治情勢がどう変わるか予想はつきません。週プレ軍事班はこれからも、ウクライナ戦争をフォローし続けるつもりです。本書の続きは週刊プレイボーイ本誌と、ネットの「週プレNEWS」をご覧ください。

最後になりましたが、筆者の質問に真摯に答えてくれるコメンテーターの皆様、そして、本連載の書籍化を快諾していただいた集英社第五編集部部長の内山直之氏をはじめ週刊プレイボーイ編集長の地代所哲也氏、軍事記事担当の星野晋平氏、活版副編集長の白石光氏、本誌グラビア副編集長の藤枝一郎氏、週プレNEWS編集長の井上拓也氏、ほか週刊プレイボーイ編集部の皆様に心より御礼を申し上げます。

2023年9月

小峯隆生

資料 ウクライナに装甲戦闘車両・火砲・ミサイル・ロケット弾・航空機を提供した国々(2022〜2023 年９月)

※2022 年から 2023 年 9 月現在(予定も含む)。ウクライナが購入した武器も含む・予定も含む。企業・個人は含まない。出展：各国公式　資料および報道機関、調査サイト、ウィキペディアなど。

オーストラリア

M113AS4 兵員輸送装甲車　56 両
ブッシュマスター装甲車　120 両
特殊作戦用車両（型式非公表）14 両
UAV　数量非公表

アゼルバイジャン

20N5 迫撃砲　数量非公表

ベルギー

イベコ社装甲車　80 両
M113 装甲車　数量不明
ミラン対戦車ミサイル　数量非公表
MO-120RT120㎜迫撃砲　4 門
UAV　少数
R7 無人潜水艇　10 隻

ブルガリア

T-72M1（チェコ経由）数量非公表
装甲車（型式非公表）100 両
BM-21 多連装ロケット　数量非公表

カナダ

NASAMS 中距離地対空ミサイル　4 セット
NAMAS 用　AIM-120 AMRAAM 12 発

AIM-9 短距離空対空ミサイル　43 発
AIM-7 中距離空対空ミサイル　288 発
M777 榴弾砲　数両
レオパルド 2A4 戦車　8 両
ACSV 装甲戦闘支援車　39 両
ロシェル・セネター戦闘装甲車　208 両
グラッド用ロケット弾　3,500 発

クロアチア

Mi-8 輸送・戦闘ヘリコプター　14 機
M-46 130㎜榴弾砲　15 両
D-30 122㎜榴弾砲　40 両
RAK-SA-12 多連装ロケット　数量非公表

チェコ

T-72M1 戦車　177 両以上
BVP-1 歩兵戦闘装甲車　45 両
PbV-501 歩兵戦闘装甲車　56 両
歩兵戦闘装甲車（型式非公表、BVP-2 などと思われる）125 両
Mi-24V 戦闘ヘリコプター　7 機
Mi-35 戦闘ヘリコプター　10 機
2S1 122mm 自走榴弾砲　数量非公表
DANA 152㎜自走榴弾砲　最大 43 両
D-20 152㎜榴弾砲　数量非公表
RM-70 多連装ロケット　35 両以上
PRAM-L 120㎜榴弾砲　128 門以上
9K35 地対空ミサイルシステム　6 両
2K12 地対空ミサイルシステム　2 両
MR2 地対空ミサイルシステム　100 両
ロケット弾　6 万発

デンマーク

F-16 戦闘機　19 機
ハープーン沿岸防衛対艦ミサイルシステム　4 両

カエサル 155mm 自走榴弾砲　19 両
ズザナ 155㎜自走榴弾砲　16 両
レオパルド 1A5DK　40 両以上
レオパルド 2A4　7 両以上
M113 兵員輸送装甲車　54 両
スカイウォッチ UAV　25 機
機雷捜索用 UUV　数量非公表

エストニア
D-30 122mm 榴弾砲　36 門
FH-70 155㎜榴弾砲　24 門
装甲車（型式非公表）13 両
アルビス装甲車　7 両
UAV（型式非公表）7 機

フィンランド
レオパルド 2R 地雷除去戦車　6 両
XA-185 兵員輸送装甲車　数量非公表
ZU-23 対空砲　数量非公表
2A36 152㎜榴弾砲　数量非公表

フランス
SAMP/T 防空システム　1 セット
クロタル防空システム　2 セット
LRU 多連装ロケット　2 両
カエサル 155㎜自走榴弾砲　30 両
TRF1 155㎜榴弾砲　30 門
MO-120 120mm 榴弾砲　数量不明
AMX-10 機動戦闘車　40 両
バスティオン歩兵戦闘装甲車　20 両

ドイツ
レオパルド 2A6 戦車　18 両
レオパルド 1A5 戦車　10 両

レオパルド1A5戦車（オランダとデンマークと共同による）110両
T-72M1戦車（チェコからドイツ経由）数量不明
M-55S戦車（スロヴェニアからドイツ経由）28両
BMP-1A1歩兵戦闘車（ギリシャからドイツ経由）40両
BMP-1A歩兵戦闘車（スロヴァキアからドイツ経由）30両
マルダー歩兵戦闘車　60両
M113兵員輸送装甲車　54両
ディンゴ装甲車　50両
IRIS-T地対空ミサイルシステム　2セット
パトリオット地対空ミサイルシステム　1セット
ゲパルト対空戦車　46両
M270多連装ロケット　5両
PzH2000 155mm自走榴弾砲　14両
ズザナ155mm自走榴弾砲　2両
ヴェクター偵察用UAV　159機
偵察用UAV（型式非公表）340機
無人艇（型式非公表）20隻

ギリシャ

BMP-1A1歩兵戦闘車　40両
マルダー歩兵戦闘車　40両
ロケット弾　数量非公表

イタリア

M270多連装ロケット　2両
PzH2000 155mm自走榴弾砲　6両
M109 155mm自走榴弾砲　60両
FH-70 155mm榴弾砲　数量不明
MO-120 120mm迫撃砲　数量不明
VTLM装甲車　数量不明
MLS装甲車　11両

日　本

パロット偵察用UAV　30機

偵察用UAV（型式非公表）10機

※それ以外に下記の装備を供与

バン　数量不明

トヨタハイラックス　8両

いすゞクレーン付きトラック　6両

トヨタ高機動車　100両

三菱73式小型トラック　100両

88式2型改ヘルメット　6,900個

発電機　数量不明

照明装置　数量不明

UAV探知装置　数量不明

03式防弾ベスト　1,900着

フィールドジャケット　数量不明

グローブ　数量不明

ブーツ　数量不明

18式ガスマスク　数量不明

00式ガスマスク　数量不明

個人用防爆装備　数量不明

医療用防護衣　数量不明

ALIS地雷探知装置　数量不明

通信装置　数量不明

衛星通信電話　数量不明

双眼鏡　数量不明

テント　240張

レーション　14万食

ラトビア

M109 155mm自走榴弾砲　6両

Mi-8輸送ヘリコプター　2機

Mi-17輸送ヘリコプター　2機

Mi-2輸送ヘリコプター　2機

UAV（型式非公表）90機

リトアニア

NASAMS地対空ミサイルシステム　2セット

Mi-8輸送ヘリコプター　2機

M113兵員輸送装甲車　72両

M113 120mm 自走榴弾砲　12 両
M101 105mm 榴弾砲　18 門

ルクセンブルク
M113 兵員輸送装甲車　数量非公表
プリモコ偵察用 UAV　6 機
BM-21 用ロケット弾　600 発

モンテネグロ
ロケット弾　7,964 発

モロッコ
T-72 戦車　20 両

オランダ
F-16 戦闘機　42 機
アルクマー級掃海艇　2 隻
艦艇（型式非公表）4 隻
ハープーン対艦ミサイル　数量非公表
パトリオット地対空ミサイルシステム　2 セット
AIM-120 AMRAAM 空対空ミサイル　12 発
PzH2000 155mm 自走榴弾砲　8 両
レオパルド 1A5（ドイツとデンマーク共同による）100 両以上
レオパルド 2A4（デンマークと共同による）14 両
フェネック装甲車　数量不明
YPR-765 兵員輸送装甲車　196 両
M113 兵員輸送装甲車（ベルギー、オランダ、ルクセンブルクと共同による）数量不明
MO-120 120mm 榴弾砲　6 門
偵察用 UAV（型式非公表）143 機
シーフォクス掃海 UUV　2 隻

北マケドニア
Su-25 攻撃機　4 機

Mi-24 戦闘ヘリコプター　12 機
T-72 戦車　31 両

ノルウェー

レオパルド 2A4 戦車　8 両
NASAMS 地対空ミサイルシステム　2 セット
IRIS-T　地対空ミサイルシステム　数量不明
M270 多連装ロケット　11 両
M109 155mm 自走榴弾砲　23 両
ズザナ 155mm 自走榴弾砲　16 両
LAVⅢ兵員輸送装甲車　14 両
ブラックホーネットナノ偵察用 UAV　850 機

パキスタン

MBRL 用 122mm ロケット　13 万発
ヤムーク 122mm 空対地ロケット弾　数量不明
BM-21 用ロケット弾　1 万発

ポーランド

MiG-29 戦闘機　14 機
Mi-24 戦闘ヘリコプター　12 機
T-72 戦車　250 両以上
レオパルド 2A4 戦車　14 両
PT-91 戦車　60 両
BWP-1 兵員輸送装甲車　142 両
KTO ロソマク兵員輸送装甲車　200 両
AMZ Dzik2 装甲車　数量不明
M120 120mm 自走榴弾砲　24 両
2S1 120mm 自走榴弾砲　20 両以上
AHS 155mm 榴弾砲　72 両
BM-21 多連装ロケット　20 両以上
S-125 地対空ミサイルシステム　数量不明
9K33 地対空ミサイルシステム　数量不明
AKM-P1 地対空ミサイルシステム　数量不明

R-73 空対空ミサイル　100 発
フライアイ偵察用 UAV　20 機以上
LMP 60mm 迫撃砲　100 門

ポルトガル

レオパルド 2A6　3 両
イベコ M40 兵員輸送装甲車　4 両
M113 兵員輸送装甲車　28 両
Ka-32A 汎用ヘリコプター　6 機
UAV（型式非公表）6 機
偵察用 UAV（型式非公表）数量非公表
105mm 榴弾砲（型式非公表）9 門
迫撃砲（型式非公表）数量非公表

ルーマニア

TAB-71 兵員輸送装甲車　数量非公表
D-20 152mm 自走榴弾砲　数量非公表
APR-40 多連装ロケット　数量非公表
BM-21 用ロケット弾　数量非公表

スロバキア

MiG-29 戦闘機　13 機
Mi-2 輸送ヘリコプター　1 機
Mi-17 輸送ヘリコプター　4 機
S-300 地対空ミサイルシステム　1 セット
2K12M2 地対空ミサイルシステム　2 セット
ズザナ 155mm 自走榴弾砲　24 両
BVP-1 装甲車　24 両
R-27R1 空対空ミサイル　数量非公表
R-73 短距離空対空ミサイル　数量非公表
R-60MK 短距離空対空ミサイル　数量非公表
S-8 空対地ロケットポッド　数量非公表
BM-21 用ロケット弾　1000 発

スロベニア

M-55 戦車　28 両

BVP M80A 歩兵戦闘車　35 両

ヴァルクス装甲車　20 両

M101 105mm 榴弾砲 16 門

スペイン

レオパルド 2 戦車　10 両

M113 兵員輸送装甲車　55 両

M113 兵員輸送装甲車自走迫撃砲　5 両

アラカン 120mm 迫撃砲搭載ランドクルーザー　6 両

URO VAMTAC 装甲車　20 両

RG-31 装甲車　1 両

オットメララ Mod56 105mm 榴弾砲　6 門

アスピーデ地対空ミサイルシステム　1 セット

MIM-23 ホーク地対空ミサイルシステム　1 セット

ハープーン対艦ミサイル　5 発

スーダン

HE843E 120mm 迫撃弾　数量非公表

スウェーデン

I-HAWK 地対空ミサイルシステム　数量非公表

IRIS-T 地対空ミサイルシステムの一部　数量非公表

アーチャー 155mm 自走榴弾砲　8 両

レオパルド 2A5（Strv122）戦車　10 両

CV9040 戦闘装甲車　50 両

トルコ

TB-2 戦闘 UAV　30 機以上

ミニバイラクタル偵察 UAV　24 機

TLRG-230 多連装ロケット　数量不明

迫撃砲（型式非公表）数量非公表

イギリス

チャレンジャー２戦車　14 両
FV103 兵員輸送装甲車　35 両
FV104 兵員輸送装甲車　40 両
M113 兵員輸送装甲車　46 両
FV430 等兵員輸送装甲車　100 両
M109 155mm 自走榴弾砲　20 両以上
AS-90 155mm 自走榴弾砲　30 両
L118/119 105mm 榴弾砲　54 門
M270 多連装ロケット　6 両
シーキング輸送ヘリコプター　3 機
ブラックホーネット偵察用 UAV　数量非公表
T150UAV　数量非公表
ハープーン対艦ミサイル　数量非公表
ストームシャドウ空対地巡航ミサイル　数量非公表

アメリカ

M1A1 戦車　31 両
T-72B 戦車　45 両
M2A2 歩兵戦闘車　186 両
M113 兵員輸送装甲車　300 両
M1117 装甲車　250 両
ストライカー装甲車　157 両
BFV 装甲車　4 両
パラディン 155mm 自走榴弾砲　18 両
M777 155mm 榴弾砲　180 門
105mm 榴弾砲　72 門
HIMARS 多連装ロケット　20 両
NASAMS 地対空ミサイルシステム　8 セット
MIM-23 地対空ミサイルシステム　2 セット以上
アヴェンジャー地対空ミサイルシステム　20 両
パトリオット地対空ミサイルシステム　1 セット
ハープーン対艦ミサイル　2 セット
HARM タオレーダーミサイル　数量非公表

レーザー誘導空対地ロケット　数量非公表
RIM-7 地対空ミサイルシステム　数量非公表
ADM-160 デコイミサイル　数量非公表
AIM-9 対空ミサイル　数量非公表
Mi-17V5 輸送ヘリコプター　20 両
スイッチブレード 300 自爆型 UAV　100 機
スイッチブレード 600 自爆型 UAV　10 機
スイッチブレード自爆型 UAV　300 機
フェニックスゴースト UAV　1,801 機
RQ-20UAV　数量非公表
スキャンイーグル UAV　15 機
ジャンプ 20 偵察 UAV　数量非公表
アルティウス 600 偵察 UAV　数量非公表
サイバーラクス偵察 UAV　数量非公表
ペンギン偵察 UAV　数量非公表
Mark Ⅵ哨戒艇　16 隻
シーアーク哨戒艇　10 隻
SURC 哨戒艇　2 隻
40ft 型河川哨戒艇　6 隻
装甲型河川哨戒艇　40 隻
無人哨戒艇　数量非公表
120mm 迫撃砲　47 門
82mm 迫撃砲　10 門
81mm 迫撃砲　67 門
60mm 迫撃砲　58 門
ズーニー用ロケット弾　6,000 発以上
ハイドラ 70 用ロケット弾　7,000 発以上
BM-21 用ロケット弾　6 万発

小峯隆生（こみね・たかお）
1959年神戸市生まれ。2001年9月から週刊「プレイボーイ」の軍事班記者として活動。軍事技術、軍事史に精通し、各国特殊部隊の徹底的な研究をしている。日本映画監督協会会員。日本推理作家協会会員。元同志社大学嘱託講師、筑波大学非常勤講師。著書は『新軍事学入門』（飛鳥新社)、『蘇る翼 F-2B―津波被災からの復活』『永遠の翼F-4ファントム』『鷲の翼F-15戦闘機』『青の翼 ブルーインパルス』『赤い翼アグレッサー部隊（近刊）』（並木書房）ほか多数。

軍事のプロが見た
ウクライナ戦争

2023年10月5日　印刷
2023年10月10日　発行

編著者　小峯隆生
発行者　奈須田若仁
発行所　並木書房
〒170-0002 東京都豊島区巣鴨 2-4-2-501
電話(03)6903-4366　fax(03)6903-4368
http://www.namiki-shobo.co.jp
印刷製本　モリモト印刷
ISBN978-4-89063-440-8